Inhaltsverzeichnis

1

HZE HZE
300 + 200 = ____

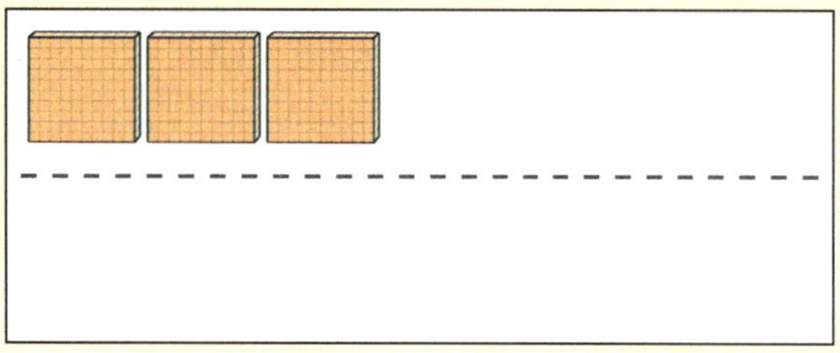

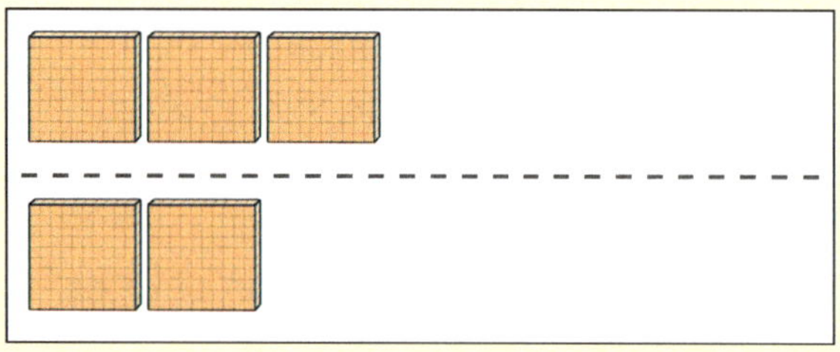

2 Lege mit Hunderterplatten und rechne.

200 + 700 = ____	800 + 200 = ____	700 + 300 = ____
100 + 400 = ____	500 + 300 = ____	900 + 100 = ____
300 + 300 = ____	400 + 400 = ____	300 + 600 = ____

3 Wie heißt die Aufgabe? Rechne auch.

a) 500 + ____ = ____

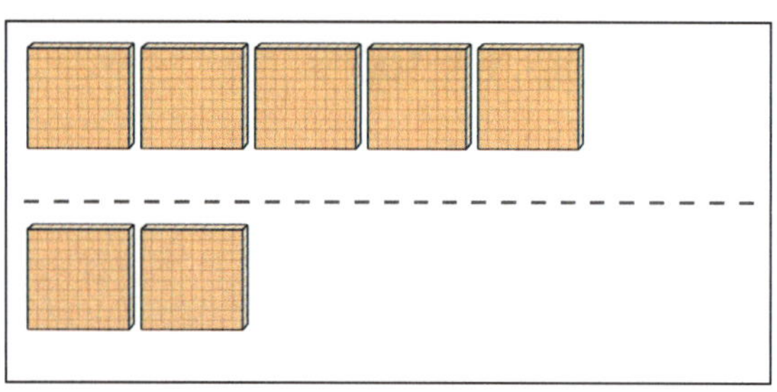

b) ____ + ____ = ____

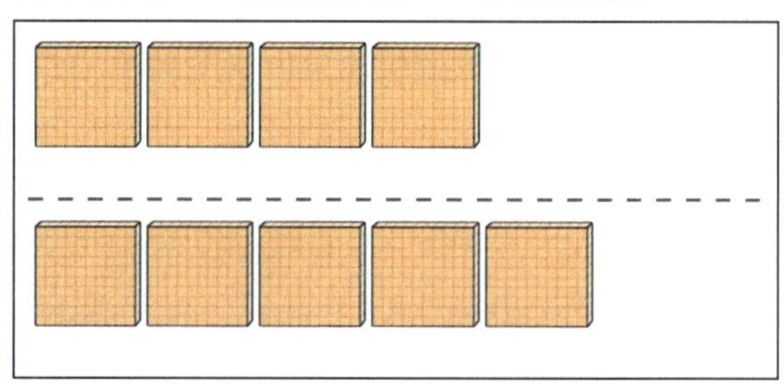

c) ____ + ____ = ____

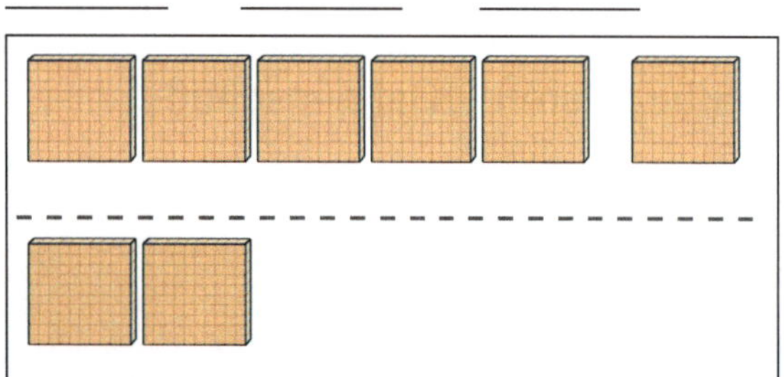

d) ____ + ____ = ____

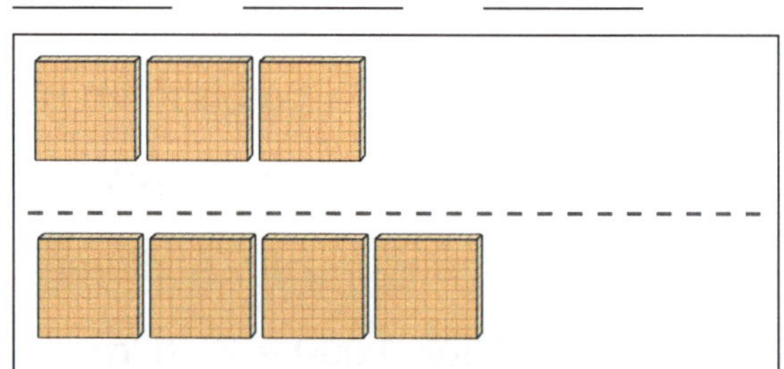

1 Erzählen, wie Zahline und Zahlix Hunderter gelegt und die Aufgabe gelöst haben. Ergebnis eintragen.
3 Gegebenenfalls mit Material nachlegen und die Aufgabe lösen.

1 HZE HZE

400 + 300 = ______

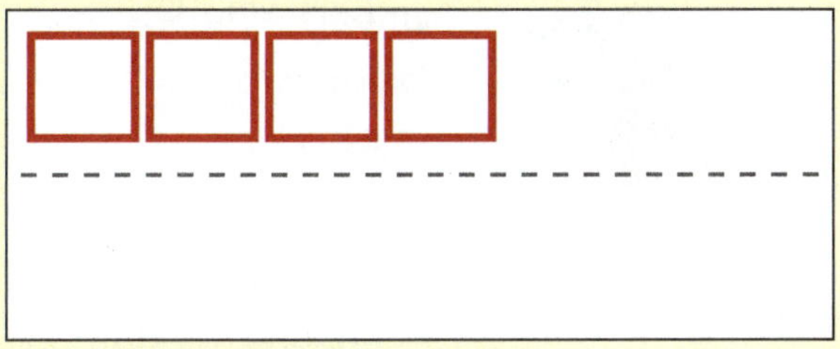

Zuerst zeichne ich 4 Hunderter. Das sind 400.

Dann zeichne ich 3 Hunderter dazu. Das sind 300.

Zusammen sind es 700.

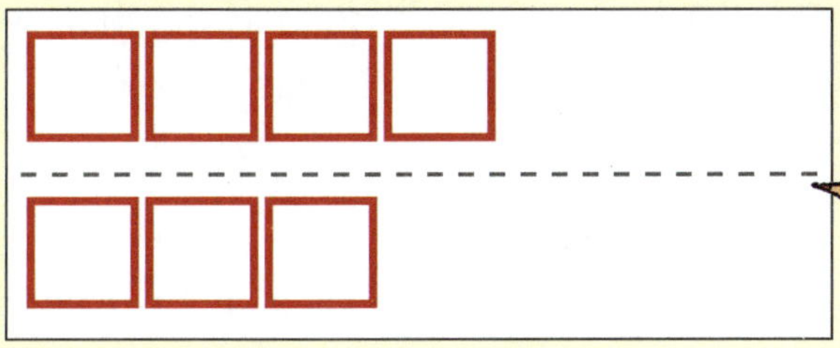

2 Wie heißt die Aufgabe? Rechne auch.

a) 600 + ______ = ______

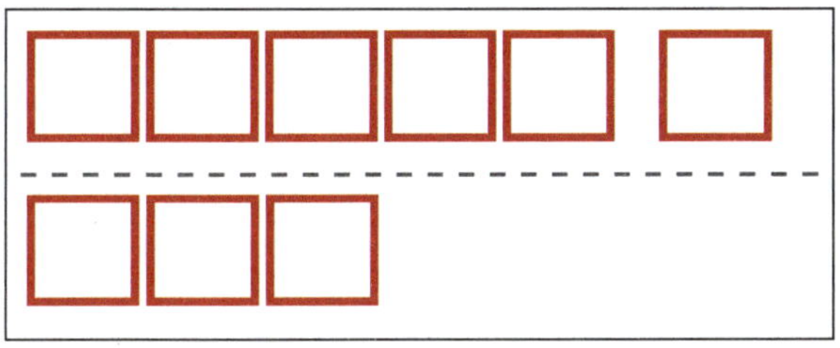

b) ______ + ______ = ______

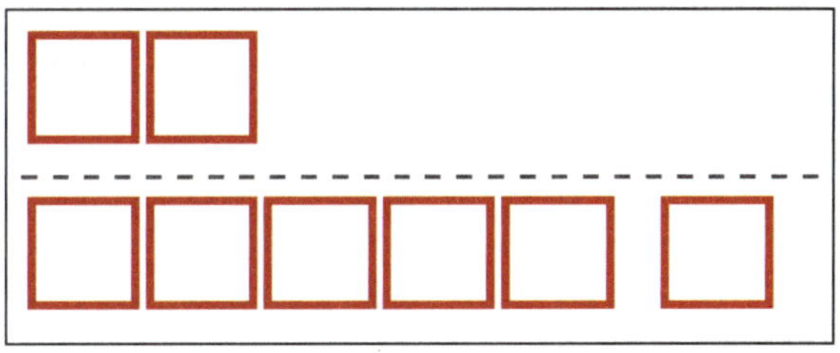

3 Löse mit der Geheimschrift.

a) 400 + 200 = ______

b) 300 + 500 = ______

c) 600 + 100 = ______

d) 600 + 400 = ______

1 Erzählen, wie Zahlix und Zahline Hunderter gezeichnet und die Aufgabe gelöst haben. Ergebnis eingetragen.
2 und 3 Gegebenenfalls mit Material nachlegen und die Aufgabe lösen.

1 HZE HZE

600 – 200 = ____

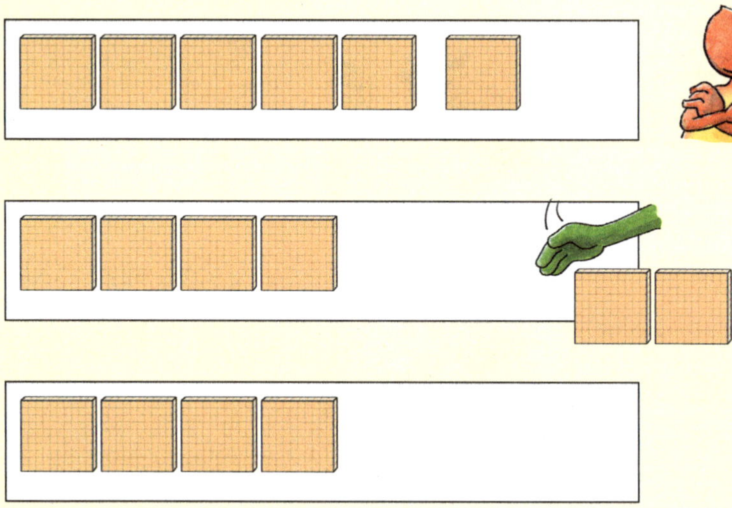

2 Lege mit Hunderterplatten und rechne.

300 – 100 = ____ 900 – 500 = ____ 800 – 600 = ____

700 – 200 = ____ 800 – 300 = ____ 1 000 – 100 = ____

3 Wie heißt die Aufgabe? Rechne auch.

a) 600 – ____ = ____

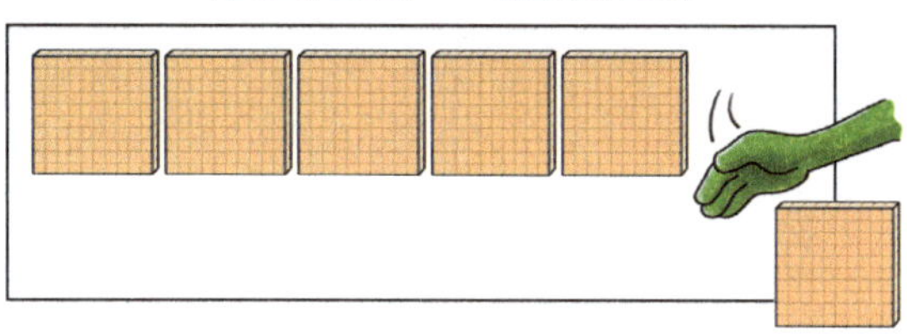

b) 400 – ____ = ____

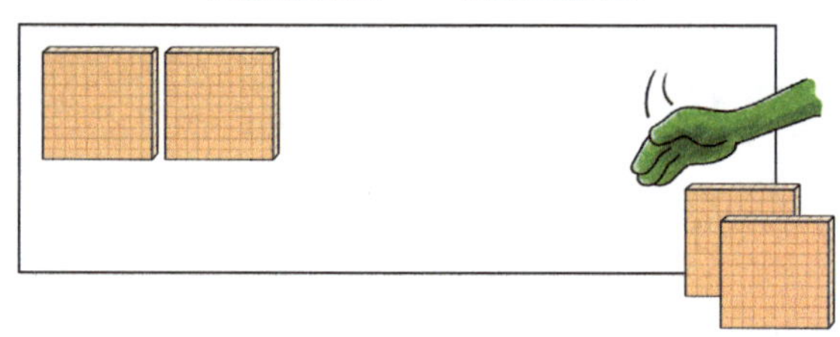

c) 500 – ____ = ____

d) 300 – ____ = ____

e) 1 000 – ____ = ____

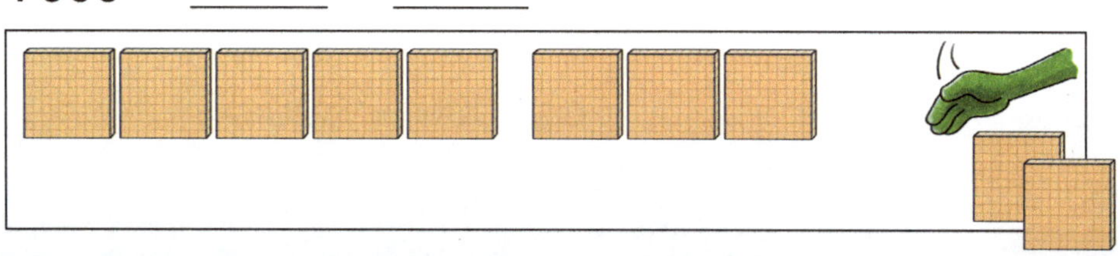

1 Erzählen, wie Zahline und Zahlix Hunderter gelegt und die Aufgabe gelöst haben. Ergebnis eintragen.
3 Gegebenenfalls mit Material nachlegen, die Hunderterplatten wegnehmen und die Aufgabe lösen.

1

HZE HZE

700 – 300 = ______

2 Wie heißt die Aufgabe? Rechne auch.

a) 600 – ______ = ______

b) ______ – ______ = ______

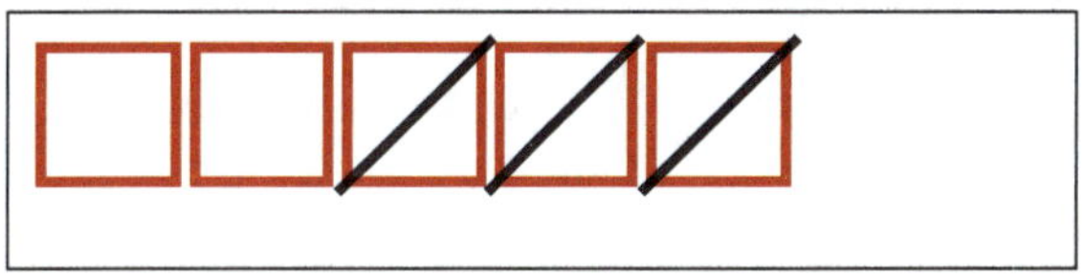

c) ______ – ______ = ______

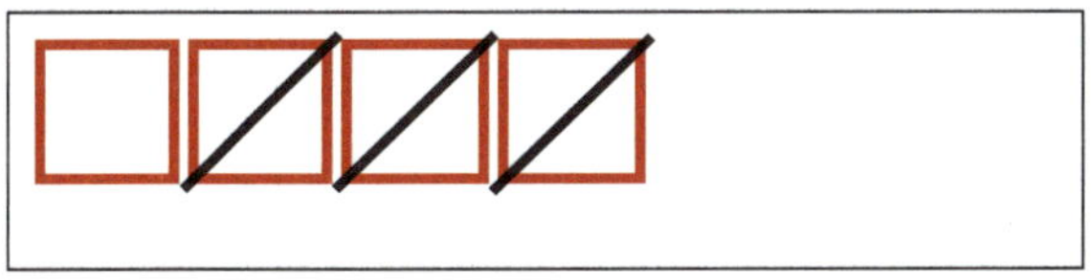

d) ______ – ______ = ______

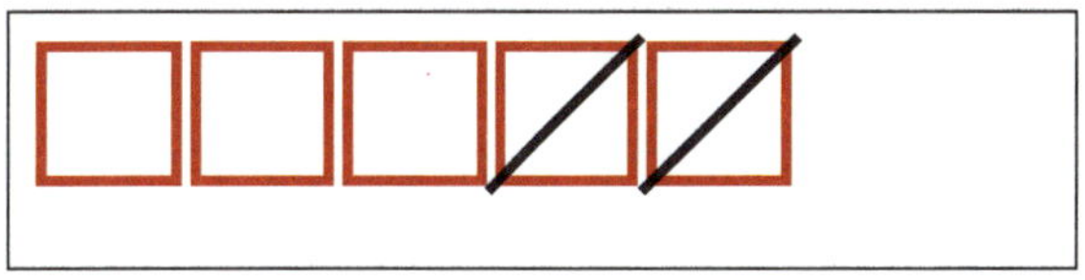

3 Löse mit der Geheimschrift.

a) 600 – 300 = ______

b) 500 – 400 = ______

c) 900 – 700 = ______

4 a) 700 – 400 = ______

800 – 200 = ______

b) 1 000 – 500 = ______

1 000 – 700 = ______

1 Erzählen, wie Zahlix und Zahline Hunderter gezeichnet und die Aufgabe gelöst haben. Ergebnis eintragen.
2 bis 4 Gegebenenfalls mit Material nachlegen, die Hunderterplatten entsprechend wegnehmen und die Aufgabe lösen.

1 HZE HZE

400 + 60 = ______

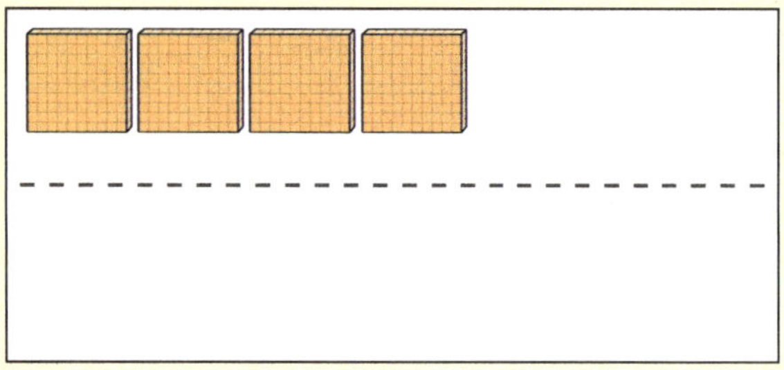

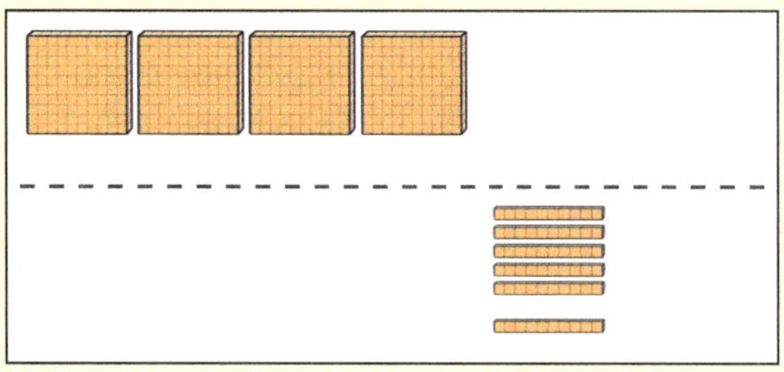

2 Lege mit Hunderterplatten und Zehnerstangen und rechne.

700 + 20 = ______	900 + 70 = ______	600 + 40 = ______
400 + 80 = ______	300 + 60 = ______	200 + 10 = ______
500 + 90 = ______	800 + 30 = ______	100 + 80 = ______

3 Wie heißt die Aufgabe? Rechne auch.

a) 500 + ______ = ______

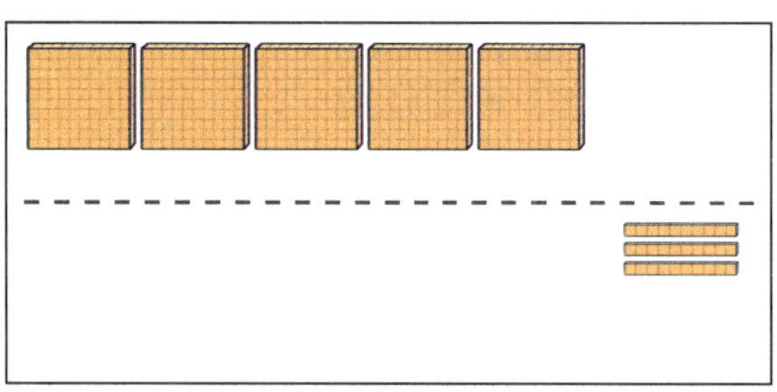

b) ______ + ______ = ______

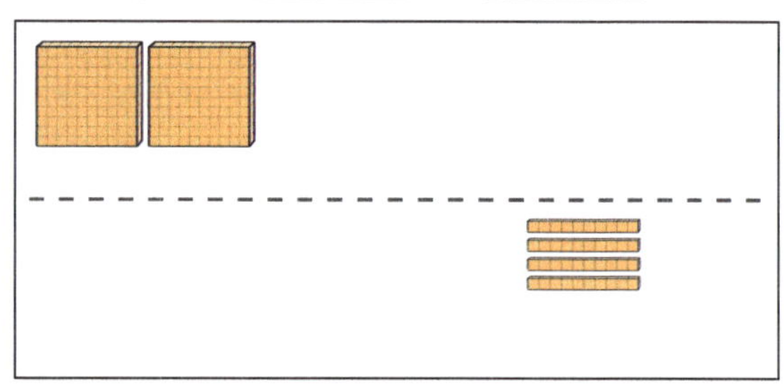

c) ______ + ______ = ______

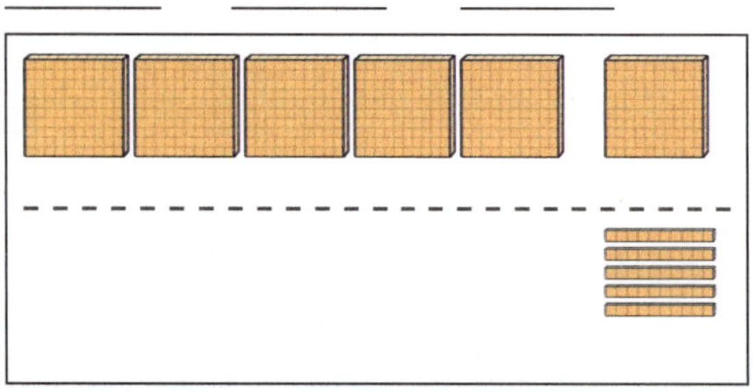

d) ______ + ______ = ______

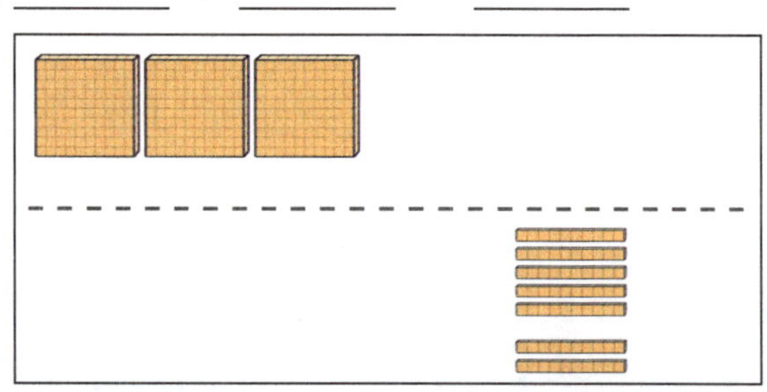

1 Erzählen, wie Zahline und Zahlix Hunderter und Zehner gelegt und die Aufgabe gelöst haben. Ergebnis eintragen.
3 Gegebenenfalls mit Material nachlegen und die Aufgabe lösen.

1 HZE HZE

500 + 40 = ______

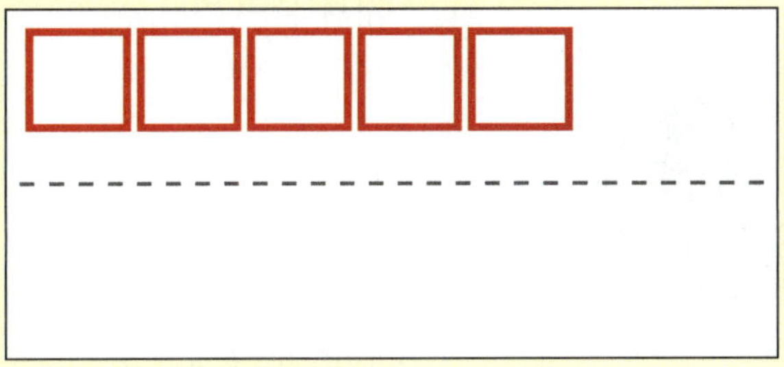

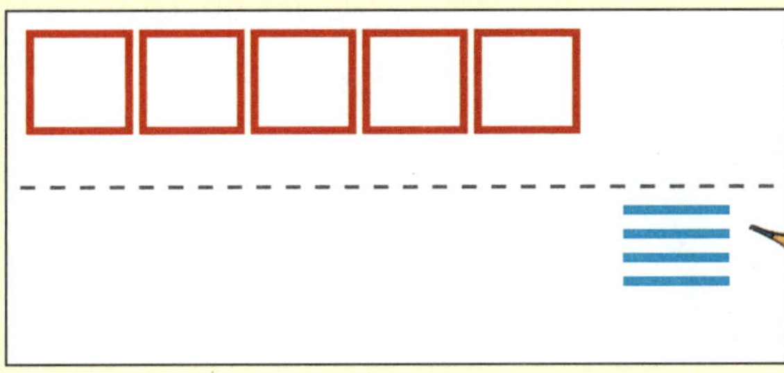

2 Wie heißt die Aufgabe? Rechne auch.

a) 600 + ______ = ______

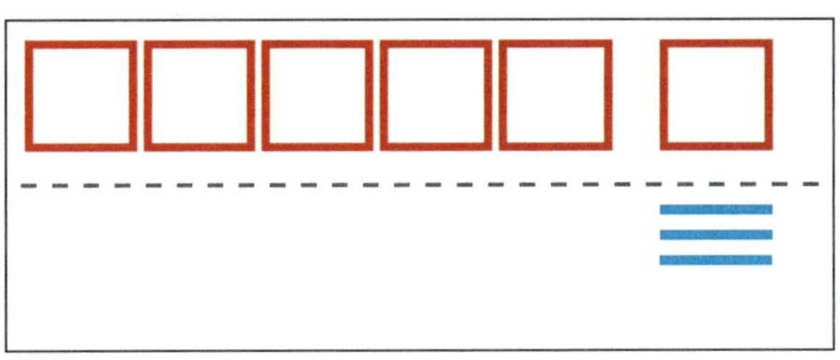

b) ______ + ______ = ______

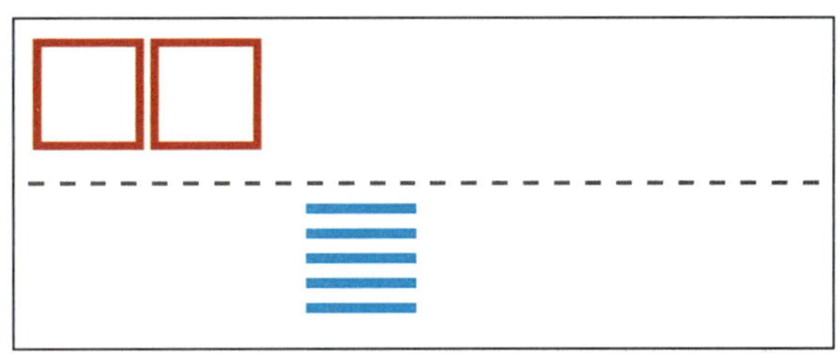

3 Löse mit der Geheimschrift.

a) 300 + 50 = ______

b) 600 + 20 = ______

c) 500 + 10 = ______

d) 400 + 30 = ______

1 Erzählen, wie Zahlix und Zahline Hunderter und Zehner gezeichnet und die Aufgabe gelöst haben. Ergebnis eintragen. 2 und 3 Gegebenenfalls mit Material nachlegen und die Aufgabe lösen.

1 HZE HZE

500 + 3 = ______

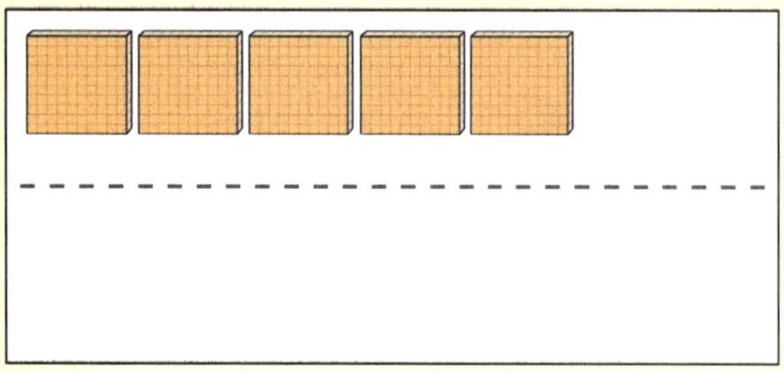

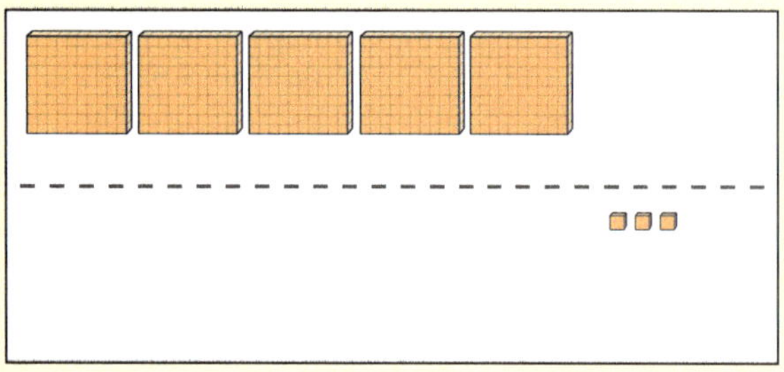

2 Lege mit Hunderterplatten und Einerwürfeln und rechne.

900 + 6 = ______ 800 + 7 = ______ 500 + 2 = ______

300 + 4 = ______ 200 + 1 = ______ 100 + 5 = ______

700 + 9 = ______ 400 + 3 = ______ 600 + 8 = ______

3 Wie heißt die Aufgabe? Rechne auch.

a) 500 + ______ = ______

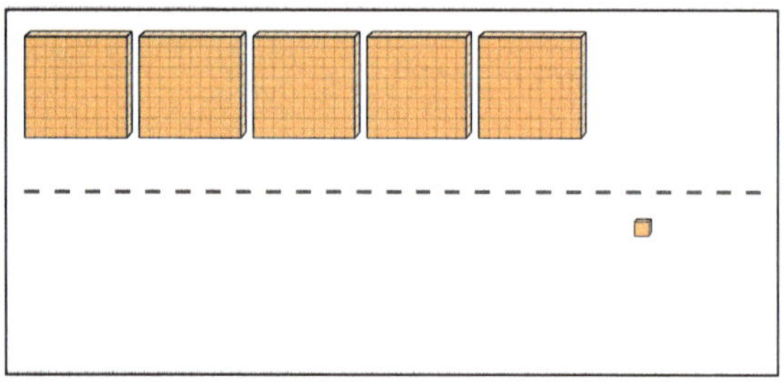

b) ______ + ______ = ______

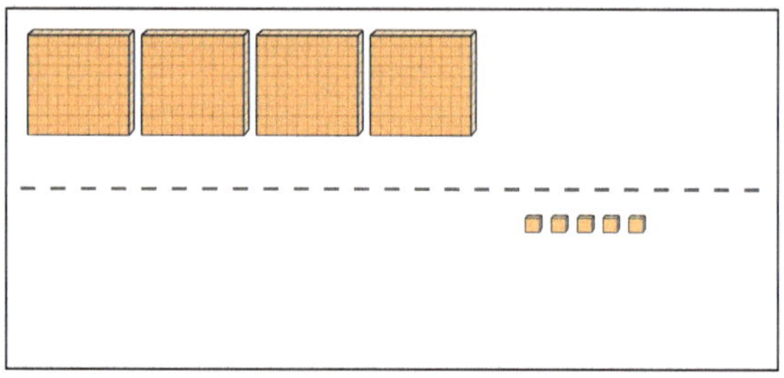

c) ______ + ______ = ______

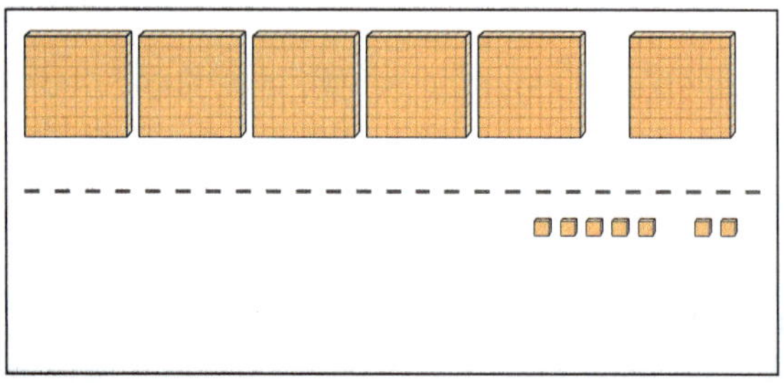

d) ______ + ______ = ______

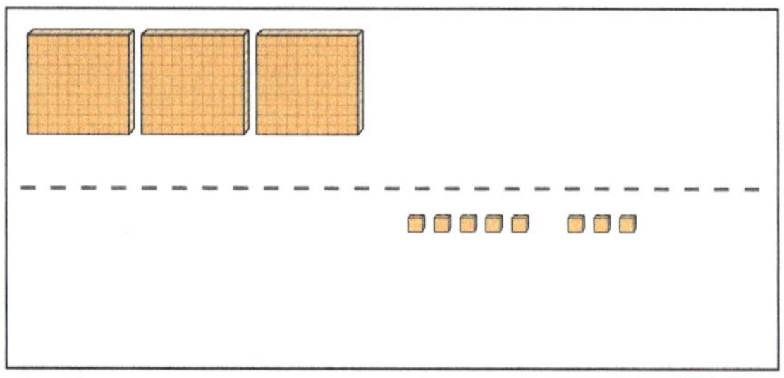

1 Erzählen, wie Zahlix und Zahline Hunderter und Einer gelegt und die Aufgabe gelöst haben. Ergebnis eintragen.
3 Gegebenenfalls mit Material nachlegen und die Aufgabe lösen.

1 HZE HZE

400 + 6 = ____

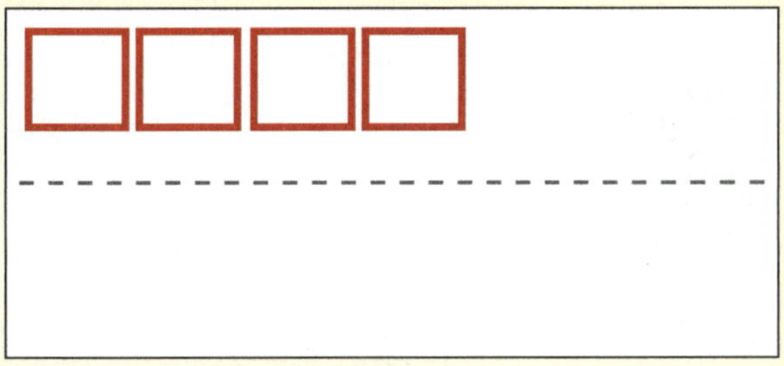

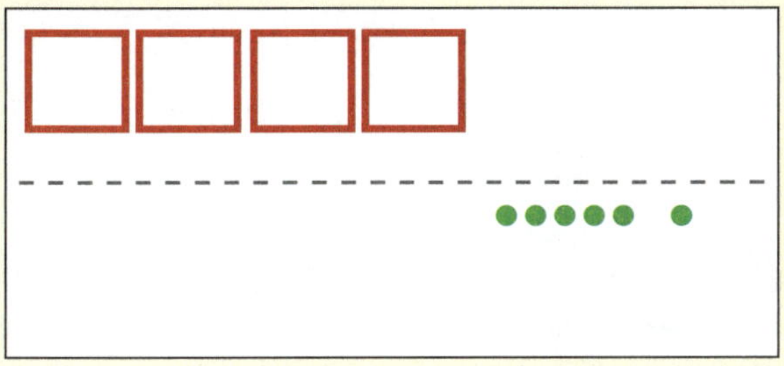

Zuerst zeichne ich 4 Hunderter. Das sind 400.

Dann zeichne ich 6 Einer dazu. Das sind 6.

Zusammen sind es 406.

2 Wie heißt die Aufgabe? Rechne auch.

a) 600 + ____ = ____

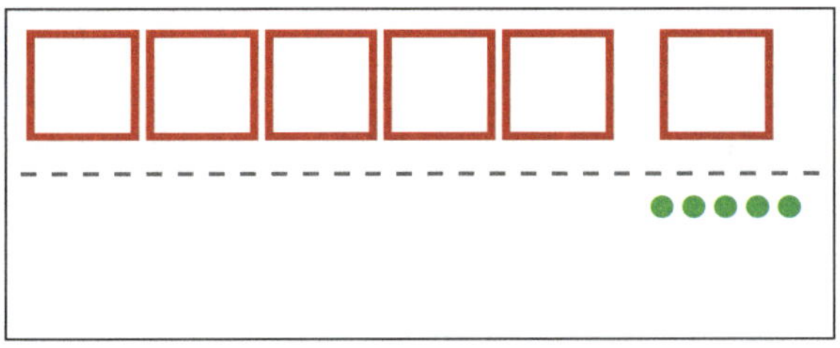

b) ____ + ____ = ____

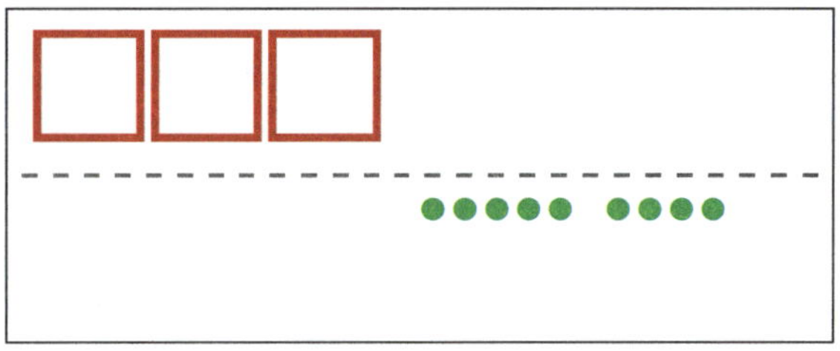

3 Löse mit der Geheimschrift.

a) 500 + 3 = ____

b) 400 + 8 = ____

c) 200 + 7 = ____

d) 300 + 5 = ____

1 Erzählen, wie Zahline und Zahlix Hunderter und Einer gezeichnet und die Aufgabe gelöst haben. Ergebnis eintragen. 2 und 3 Gegebenenfalls mit Material nachlegen und die Aufgabe lösen.

Hunderter zu gemischten Hundertern addieren – Material

1 HZE HZE

354 + 200 = ______

2 Lege mit Hunderterplatten, Zehnerstangen und Einerwürfeln und rechne.

354 + 100 = ______ 132 + 500 = ______ 540 + 100 = ______

354 + 300 = ______ 332 + 100 = ______ 580 + 400 = ______

3 Wie heißt die Aufgabe? Rechne auch.

a) 335 + ______ = ______

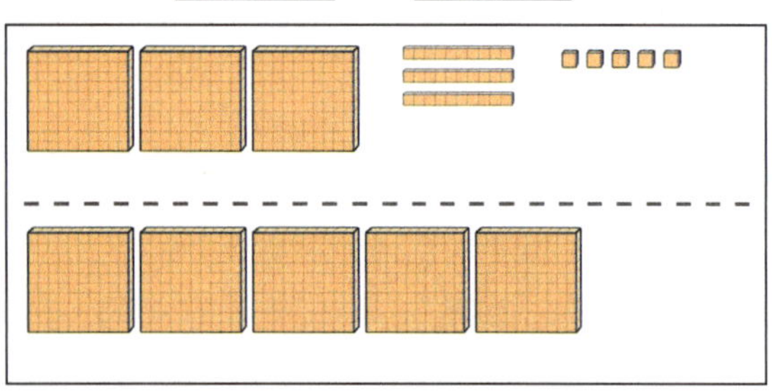

b) ______ + ______ = ______

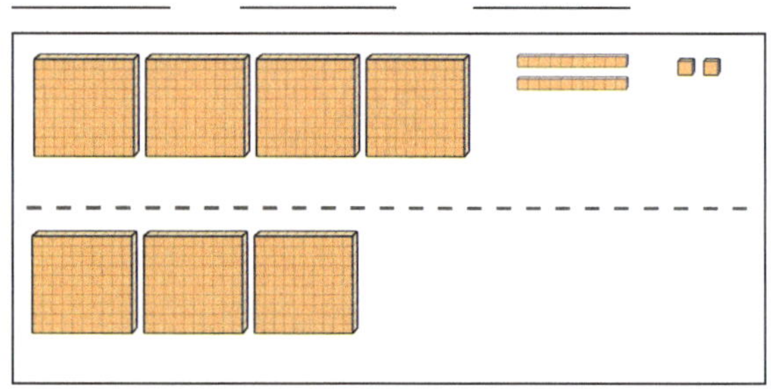

c) ______ + ______ = ______

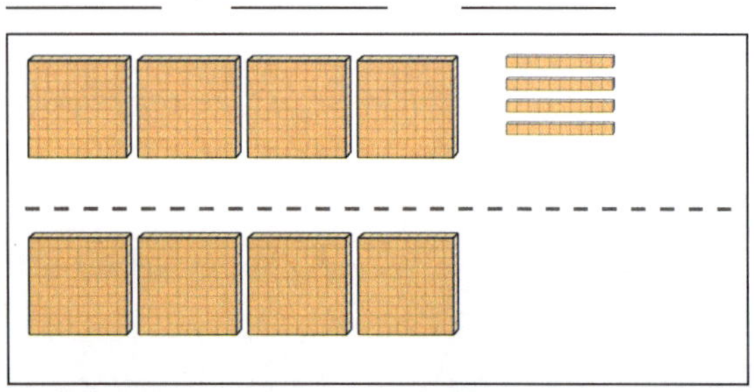

d) ______ + ______ = ______

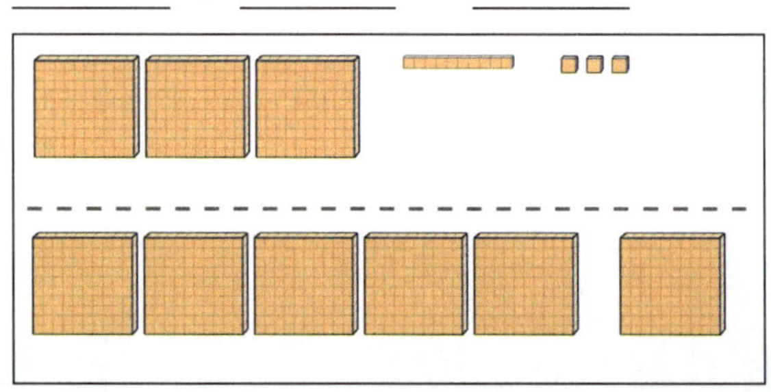

1 Erzählen, wie Zahlix und Zahline das Material gelegt und die Aufgabe gelöst haben. Ergebnis eintragen.
3 Gegebenenfalls mit Material nachlegen und die Aufgabe lösen.

1 HZE HZE

215 + 200 = ______

2 Wie heißt die Aufgabe? Rechne auch.

a) 365 + ______ = ______

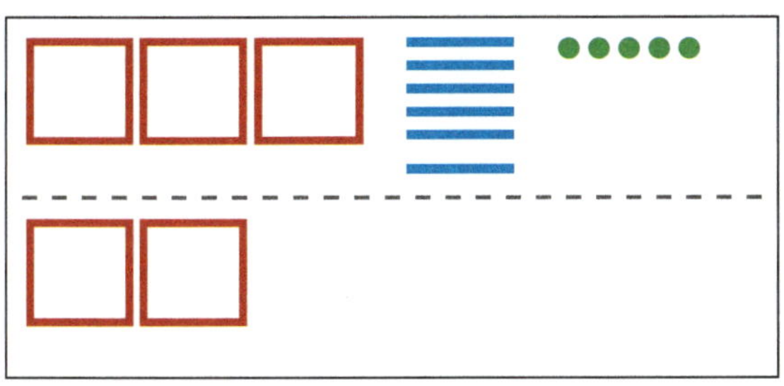

b) ______ + ______ = ______

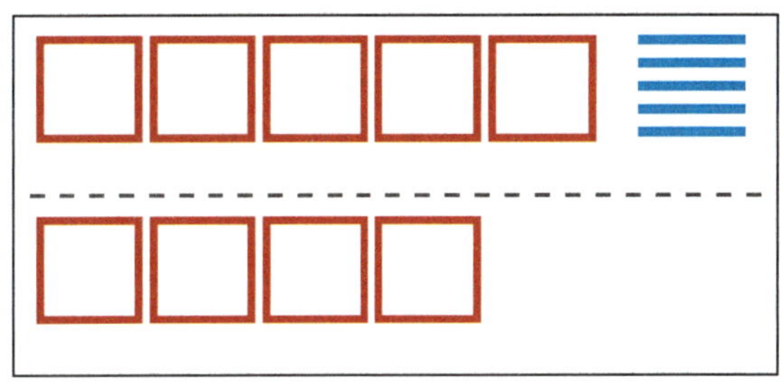

3 Löse mit der Geheimschrift.

a) 420 + 400 = ______

b) 234 + 500 = ______

4

220 + 100 = ______	254 + 400 = ______	346 + 300 = ______
250 + 400 = ______	542 + 100 = ______	725 + 200 = ______
250 + 200 = ______	452 + 300 = ______	438 + 500 = ______

1 Erzählen, wie Zahlix und Zahline gezeichnet und die Aufgabe gelöst haben. Ergebnis eintragen.
2 bis 4 Gegebenenfalls mit Material nachlegen und die Aufgabe lösen.

1 HZE HZE
365 – 100 = ______

2 Lege mit Hunderterplatten, Zehnerstangen und Einerwürfeln und rechne.

663 – 400 = ______
643 – 100 = ______
463 – 200 = ______

564 – 200 = ______
574 – 300 = ______
514 – 400 = ______

710 – 300 = ______
780 – 100 = ______
760 – 200 = ______

3 Wie heißt die Aufgabe? Rechne auch.

a) 441 – ______ = ______

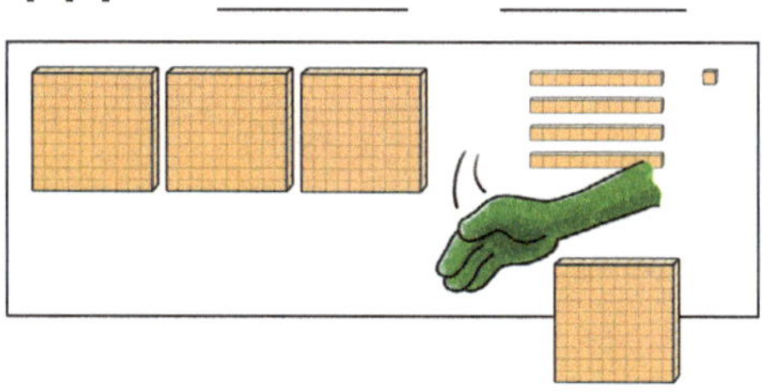

b) 422 – ______ = ______

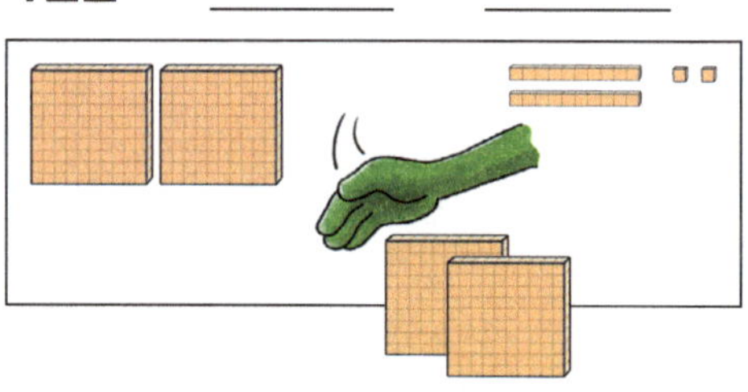

c) 414 – ______ = ______

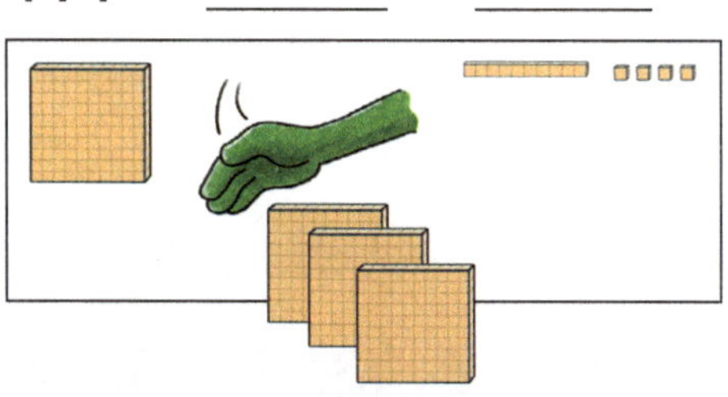

d) 430 – ______ = ______

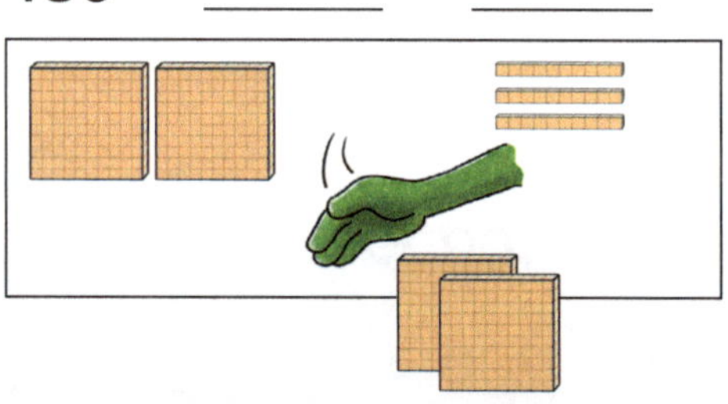

1 Erzählen, wie Zahlix und Zahline das Material gelegt und die Aufgabe gelöst haben. Ergebnis eintragen.
3 Gegebenenfalls mit Material nachlegen und die entsprechende Anzahl Hunderterplatten wegnehmen.

1 HZE HZE

432 – 200 = ______

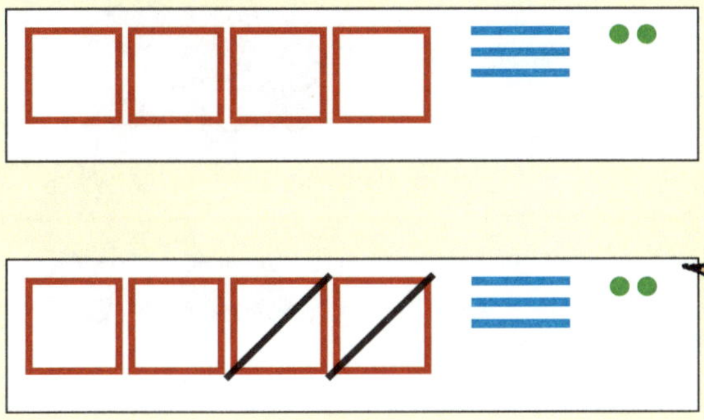

2 Wie heißt die Aufgabe? Rechne auch.

a) 363 – ______ = ______

b) 550 – ______ = ______

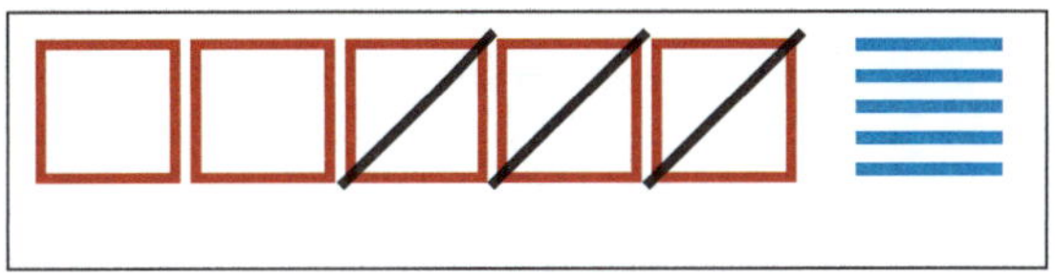

c) 333 – ______ = ______

d) 225 – ______ = ______

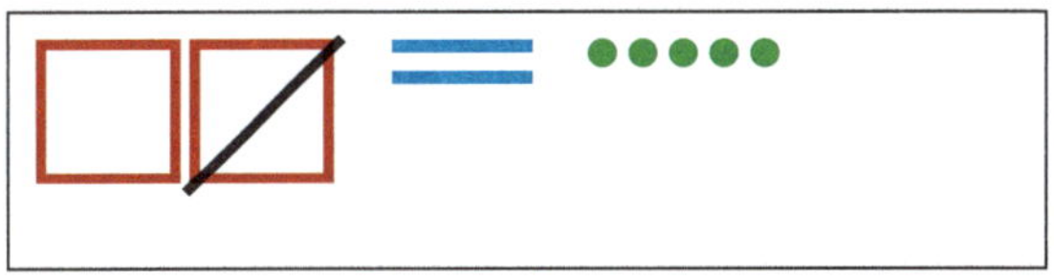

3 Löse mit der Geheimschrift.

a) 337 – 100 = ______

b) 251 – 100 = ______

c) 410 – 300 = ______

d) 328 – 200 = ______

4 a) 481 – 200 = ______

795 – 600 = ______

b) 543 – 300 = ______

950 – 700 = ______

1 Erzählen, wie Zahline Hunderter, Zehner und Einer gezeichnet und die Aufgabe gelöst hat. Ergebnis eintragen.
2 bis 4 Gegebenenfalls mit Material nachlegen, die Hunderterplatten entsprechend wegnehmen und die Aufgabe lösen.

1

130 + 100 = ____
130 + 200 = ____
130 + 300 = ____
____
____

2

420 + 100 = ____
420 + 200 = ____
420 + 300 = ____
____
____

327 + 200 = ____
327 + 300 = ____
327 + 400 = ____
____
____

245 + 300 = ____
245 + 400 = ____
245 + 500 = ____
____
____

Ergänze die Regel zu den Aufgabenfolgen:

Die 1. Zahl bleibt immer gleich.
Die 2. Zahl wird immer um _____ größer.
Das Ergebnis wird immer um _____ größer.

3

450	100

450	200

450	300

450	400

4

391	100

391	200

391	300

391	400

5

208	300

208	400

208	500

208	600

1 und 2 Aufgabenfolgen fortsetzen und rechnen. 2 Lückentext vervollständigen.
3 bis 5 Genau hinsehen: Welche Zahl bleibt von Zahlenmauer zu Zahlenmauer gleich? Welche Zahl ändert sich?

1

670 – 100 = ____
670 – 200 = ____
670 – 300 = ____
____
____

2

820 – 100 = ____
820 – 200 = ____
820 – 300 = ____
____
____

715 – 200 = ____
715 – 300 = ____
715 – 400 = ____
____
____

933 – 400 = ____
933 – 500 = ____
933 – 600 = ____
____
____

Ergänze die Regel zu den Aufgabenfolgen:

Die 1. Zahl bleibt immer gleich.
Die 2. Zahl wird immer um ____ größer.
Das Ergebnis wird immer um ____ kleiner.

3 a)

–	100	200
380		
480		
580		

b)

–	200	300
560		
760		
960		

4 a)

–	300	400
507		
607		
707		

b)

–	300	400
525		
625		
825		

1 und 2 Aufgabenfolgen fortsetzen. 2 Lückentext vervollständigen.
3 und 4 Gegebenenfalls mit Material oder mit der Geheimschrift lösen.

1 H Z E H Z E

546 + 30 = ______

2 Lege mit Hunderterplatten, Zehnerstangen und Einerwürfeln und rechne.

547 + 50 = ______ 323 + 30 = ______ 430 + 50 = ______

529 + 60 = ______ 356 + 40 = ______ 410 + 80 = ______

3 Wie heißt die Aufgabe? Rechne auch.

a) 334 + ______ = ______

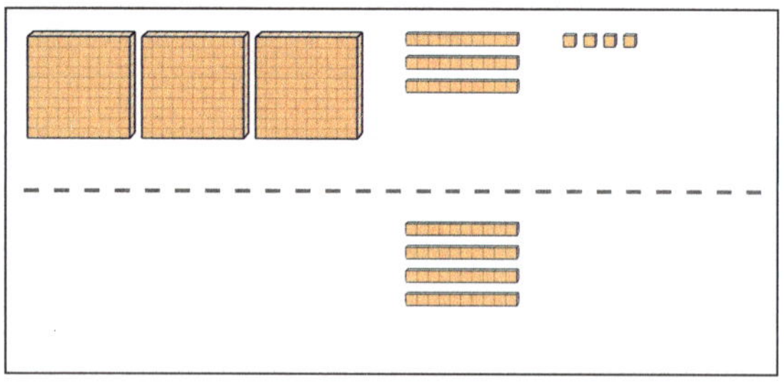

b) ______ + ______ = ______

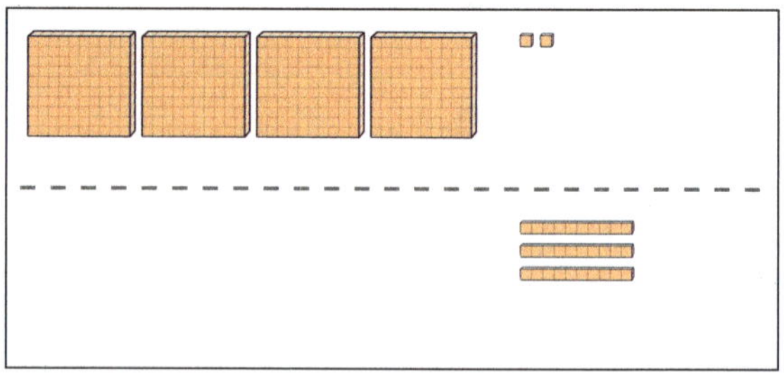

c) ______ + ______ = ______

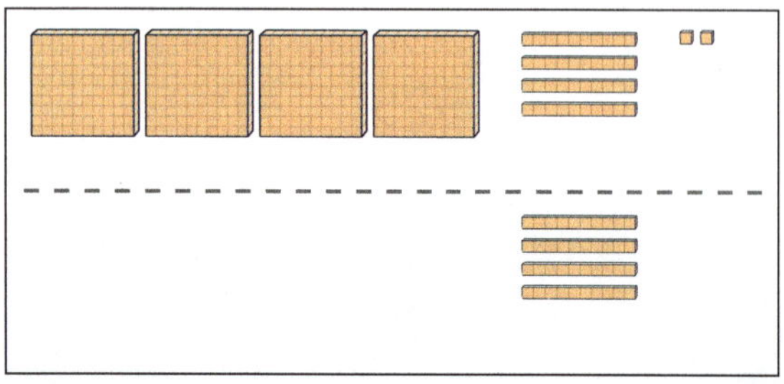

d) ______ + ______ = ______

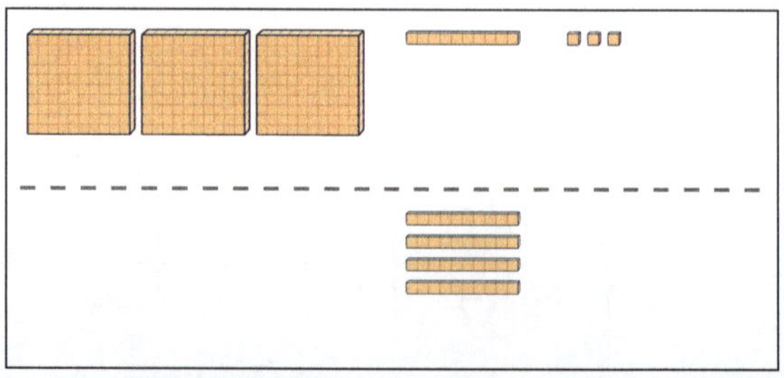

1 Erzählen, wie Zahlix und Zahline das Material gelegt und die Aufgabe gelöst haben. Ergebnis eintragen.
3 Gegebenenfalls mit Material nachlegen und die Aufgabe lösen.

1 HZE HZE

631 + 50 = ______

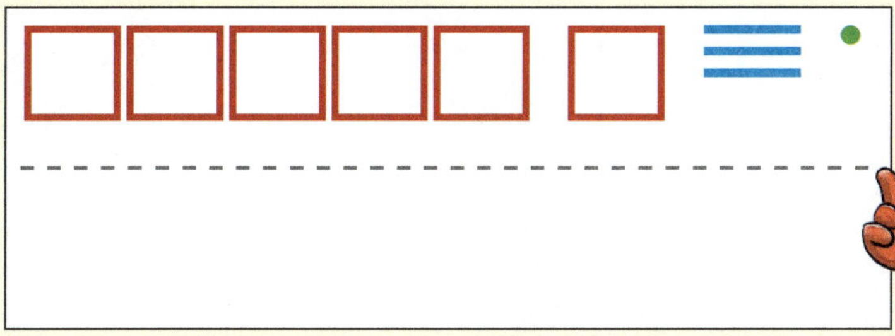

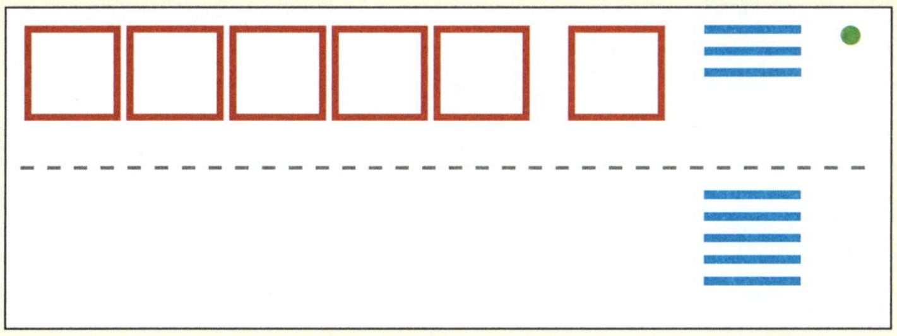

2 Wie heißt die Aufgabe? Rechne auch.

a) 423 + ______ = ______

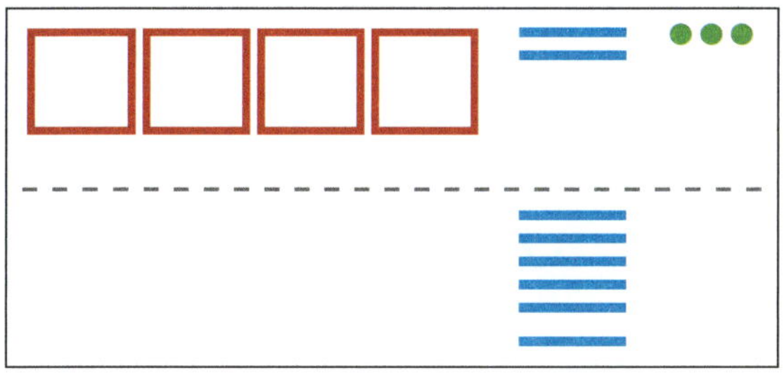

b) ______ + ______ = ______

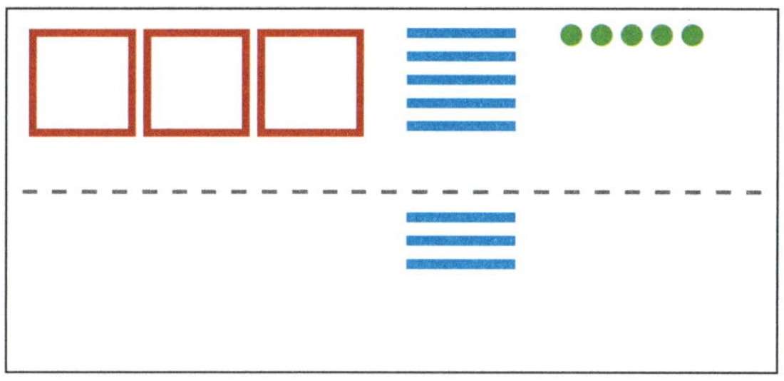

3 Löse mit der Geheimschrift.

a) 360 + 20 = ______

b) 431 + 50 = ______

4 a) 362 + 30 = ______

841 + 20 = ______

244 + 40 = ______

b) 718 + 70 = ______

659 + 40 = ______

550 + 30 = ______

1 Erzählen, wie Zahline und Zahlix gezeichnet und die Aufgabe gelöst haben. Ergebnis eintragen.

2 bis 4 Gegebenenfalls mit Material nachlegen und die Aufgabe lösen.

1 Löse mit der Geheimschrift.

a) 340 + 30 = ____

b) 410 + 30 = ____

c) 463 + 20 = ____

d) 224 + 40 = ____

2

a) 20 + 30 = ____
420 + 30 = ____

b) 10 + 50 = ____
210 + 50 = ____

c) 70 + 20 = ____
370 + 20 = ____

3

a)

+ 40	
30	
330	

b)

+ 30	
60	
560	

c)

+ 50	
20	
620	

d)

+ 70	
10	
910	

4

a) 27 + 60 = ____
427 + 60 = ____

b) 36 + 20 = ____
536 + 20 = ____

c) 59 + 40 = ____
759 + 40 = ____

5

a) 13 + 50 = ____
613 + 50 = ____
813 + 50 = ____

b) 25 + 40 = ____
325 + 40 = ____
725 + 40 = ____

c) 44 + 30 = ____
744 + 30 = ____
944 + 30 = ____

6

a)

+ 60	
235	
435	

b)

+ 20	
357	
557	

c)

+ 80	
118	
418	

d)

+ 50	
234	
634	

1

97 − 60 = ____ 78 − 50 = ____ 54 − 30 = ____
85 − 40 = ____ 49 − 20 = ____ 87 − 40 = ____
61 − 50 = ____ 36 − 10 = ____ 92 − 70 = ____

11 22 23 24 26 28 29 37 45 47

2

a)

− 40	
93	
73	
53	
63	

b)

− 30	
73	
48	
64	
99	

c)

− 50	
81	
67	
99	
74	

d)

− 20	
46	
62	
53	
97	

3

76 − 10 = ____
76 − 20 = ____
76 − 30 = ____
____
____

95 − 40 = ____
95 − 50 = ____
95 − 60 = ____
____
____

89 − 20 = ____
89 − 30 = ____
89 − 40 = ____
____
____

Regel: Die 1. Zahl bleibt immer gleich.
Die 2. Zahl wird immer um ____ größer.
Das Ergebnis wird immer um ____ kleiner.

4 a) 38 + 20 = ____ b) 57 + 40 = ____ c) 49 + 30 = ____
38 − 20 = ____ 57 − 40 = ____ 49 − 30 = ____

5 a) 63 + 30 = ____ b) 35 + 20 = ____ c) 51 + 30 = ____
63 − 30 = ____ 35 − 20 = ____ 51 − 30 = ____

6 a) 47 + 20 = ____ b) 72 + 20 = ____ c) 58 + 40 = ____
47 − 20 = ____ 72 − 20 = ____ 58 − 40 = ____

1 Selbstkontrolle: Blaue Lösungszahlen durchstreichen. Eine Zahl bleibt übrig.

1 HZE HZE

564 – 40 = ______

2 Lege mit Hunderterplatten, Zehnerstangen und Einerwürfeln und rechne.

561 – 50 = ______ 495 – 60 = ______ 380 – 30 = ______

542 – 30 = ______ 465 – 50 = ______ 350 – 20 = ______

3 Wie heißt die Aufgabe? Rechne auch.

a) 266 – ______ = ______

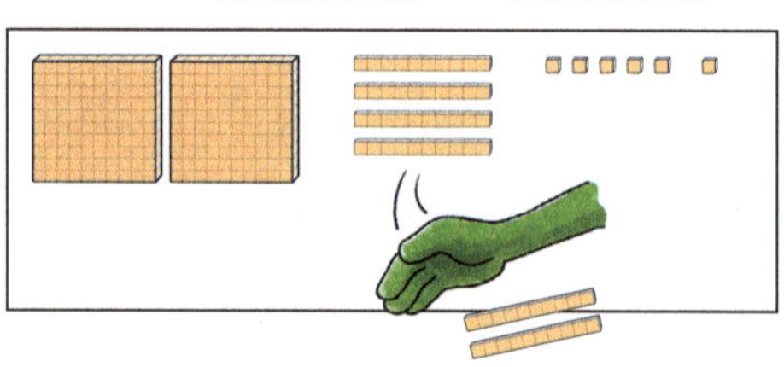

b) 270 – ______ = ______

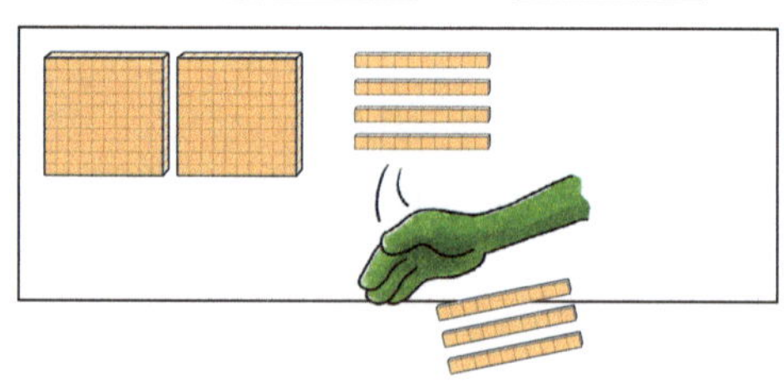

c) 351 – ______ = ______

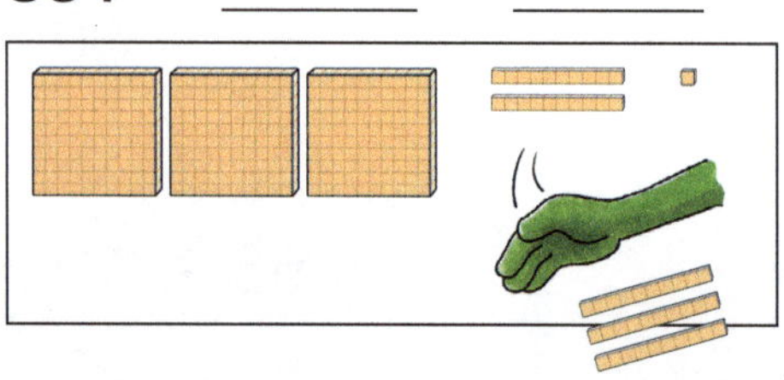

d) 177 – ______ = ______

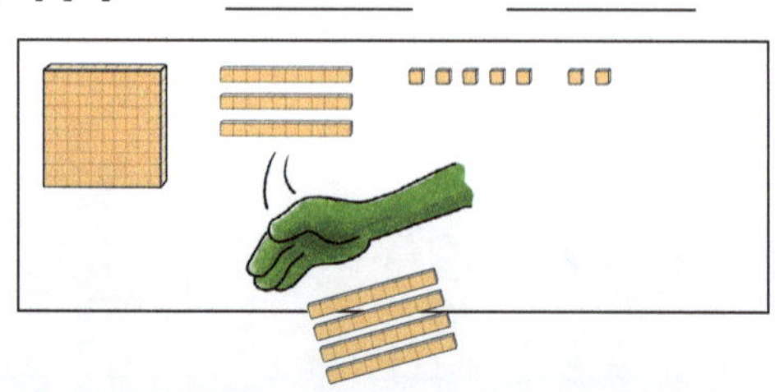

1 Erzählen, wie Zahlix und Zahline das Material gelegt und die Aufgabe gelöst haben. Ergebnis eintragen.
3 Gegebenenfalls mit Material nachlegen und die Aufgabe lösen.

1 HZE HZE
682 – 30 = ______

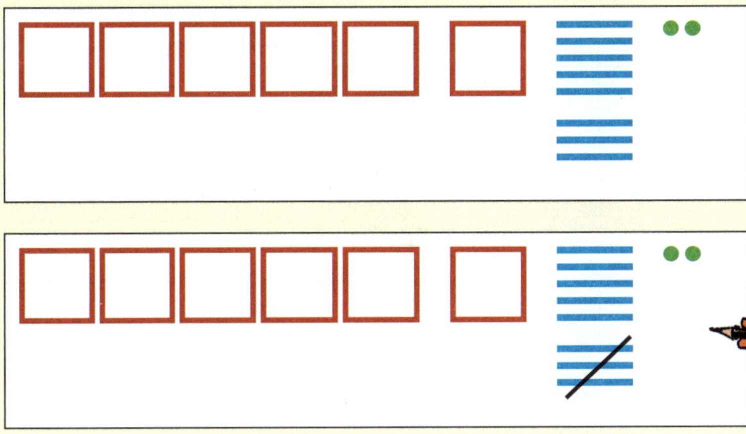

2 Wie heißt die Aufgabe? Rechne auch.

a) 471 – ______ = ______

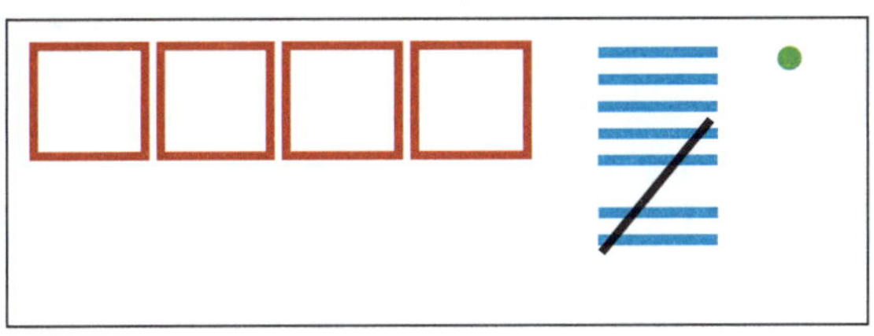

b) 364 – ______ = ______

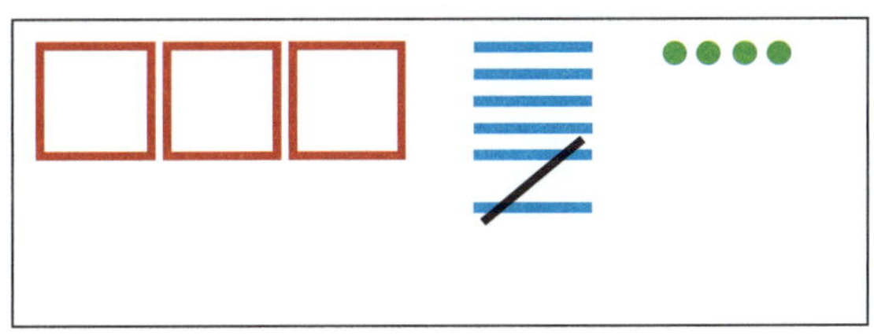

c) 356 – ______ = ______

d) 570 – ______ = ______

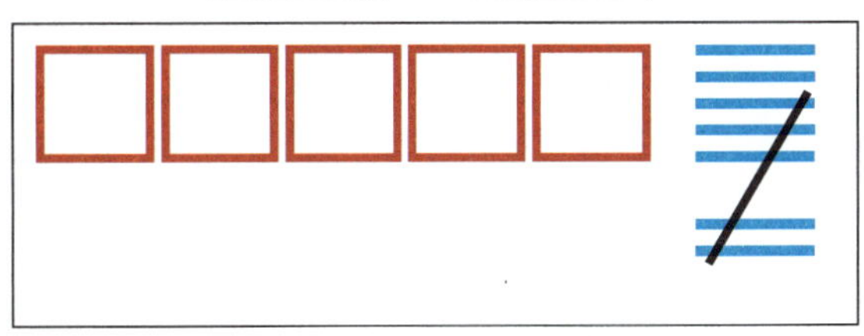

3 Löse mit der Geheimschrift.

a) 460 – 30 = ______

b) 383 – 40 = ______

4 a) 481 – 50 = ______

795 – 60 = ______

b) 543 – 30 = ______

954 – 20 = ______

1 Erzählen, wie Zahlix und Zahline gezeichnet und die Aufgabe gelöst haben. Ergebnis eintragen.
2 und 3 Gegebenenfalls mit Material nachlegen und die Aufgabe lösen.

1 Löse mit der Geheimschrift.

a) 460 − 40 = ____

b) 287 − 50 = ____

c) 352 − 40 = ____

d) 270 − 60 = ____

2

a) 80 − 50 = ____
480 − 50 = ____

b) 90 − 30 = ____
390 − 30 = ____

c) 70 − 40 = ____
670 − 40 = ____

3

a)

− 40	
60	
260	

b)

− 20	
70	
370	

c)

− 50	
390	
980	

d)

− 30	
240	
670	

4

a) 67 − 20 = ____
467 − 20 = ____

b) 53 − 40 = ____
353 − 40 = ____

c) 95 − 60 = ____
295 − 60 = ____

5

a) 83 − 60 = ____
583 − 60 = ____
783 − 60 = ____

b) 96 − 30 = ____
296 − 30 = ____
996 − 30 = ____

c) 65 − 50 = ____
365 − 50 = ____
865 − 50 = ____

6

a)

− 20	
56	
356	

b)

− 60	
84	
484	

c)

− 50	
264	
675	

d)

− 80	
496	
898	

1

24 + 5 = ____ 72 + 4 = ____ 75 + 5 = ____

36 + 3 = ____ 81 + 6 = ____ 84 + 6 = ____

42 + 7 = ____ 63 + 5 = ____ 22 + 8 = ____

29 30 39 49 66 68 76 80 87 90

2

A

24 + 4 = ____
34 + 4 = ____
44 + 4 = ____
____
____

B

32 + 2 = ____
32 + 3 = ____
32 + 4 = ____
____
____

C

53 + 6 = ____
53 + 5 = ____
53 + 4 = ____
____
____

Regel: Die 1. Zahl bleibt immer gleich.
Die 2. Zahl wird immer um 1 kleiner.
Das Ergebnis wird immer um 1 kleiner.

Zu welcher Aufgabenfolge gehört die Regel? Kreuze an.

Die Regel gehört zu Aufgabenfolge: A ☐ B ☐ C ☐

3

A

41 + 5 = ____
42 + 5 = ____
43 + 5 = ____
____
____

B

62 + 7 = ____
62 + 6 = ____
62 + 5 = ____
____
____

C

37 + 2 = ____
36 + 2 = ____
35 + 2 = ____
____
____

Regel: Die 1. Zahl wird immer um 1 größer.
Die 2. Zahl bleibt immer gleich.
Das Ergebnis wird immer um 1 größer.

Zu welcher Aufgabenfolge gehört die Regel? Kreuze an.

Die Regel gehört zu Aufgabenfolge: A ☐ B ☐ C ☐

1 Selbstkontrolle: Blaue Lösungszahlen durchstreichen. Eine Zahl bleibt übrig.
2 und 3 Nach Möglichkeit zu den übrigen Aufgabenfolgen Regeln formulieren.

1 HZE HZE

564 + 3 = ____

2 Lege mit Hunderterplatten, Zehnerstangen und Einerwürfeln und rechne.

243 + 5 = ____	415 + 4 = ____	134 + 4 = ____
243 + 2 = ____	415 + 3 = ____	134 + 2 = ____
243 + 4 = ____	415 + 2 = ____	134 + 5 = ____

3 Wie heißt die Aufgabe? Rechne auch.

a) 343 + ____ = ____

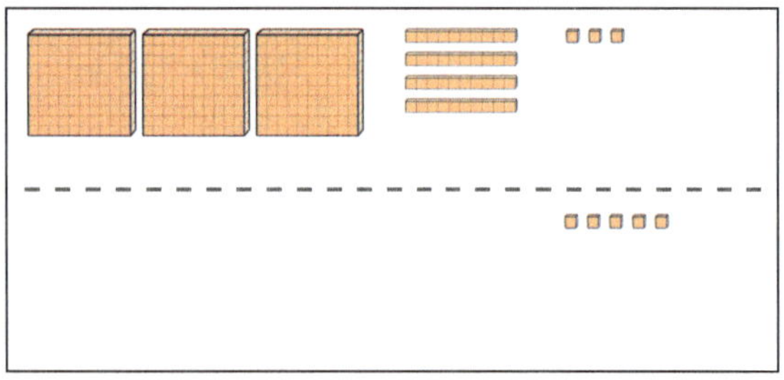

b) ____ + ____ = ____

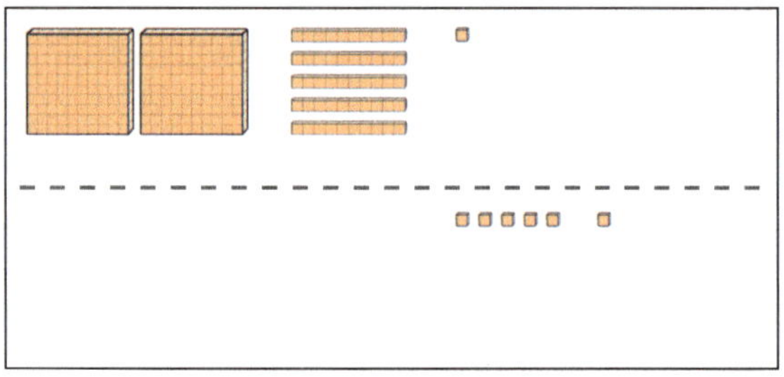

c) ____ + ____ = ____

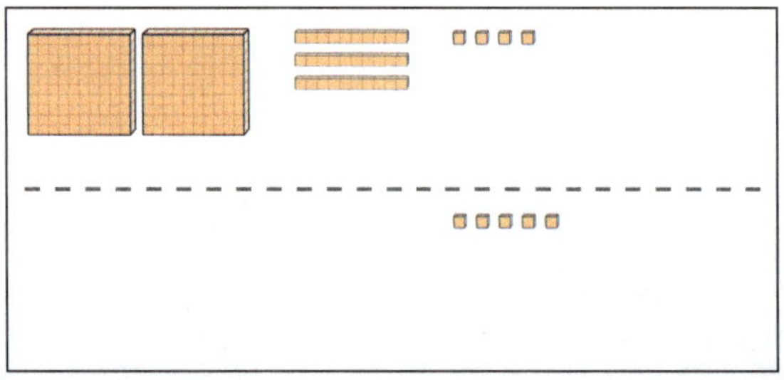

d) ____ + ____ = ____

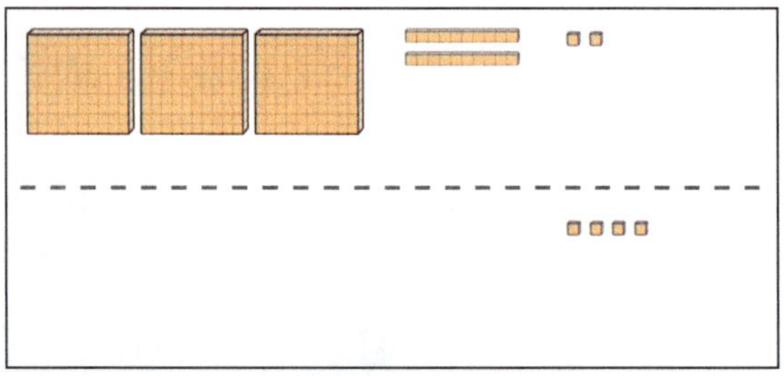

1 HZE HZE

434 + 3 = ____

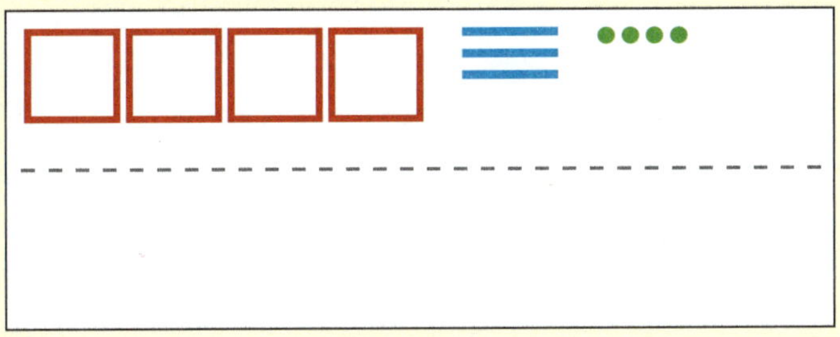

2 Wie heißt die Aufgabe? Rechne auch.

a) 353 + ____ = ____

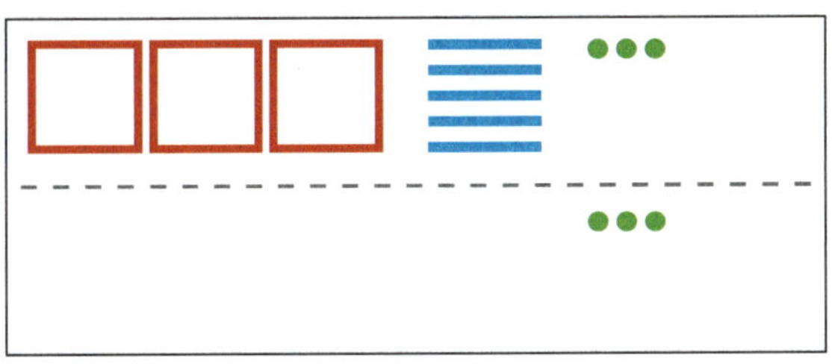

b) ____ + ____ = ____

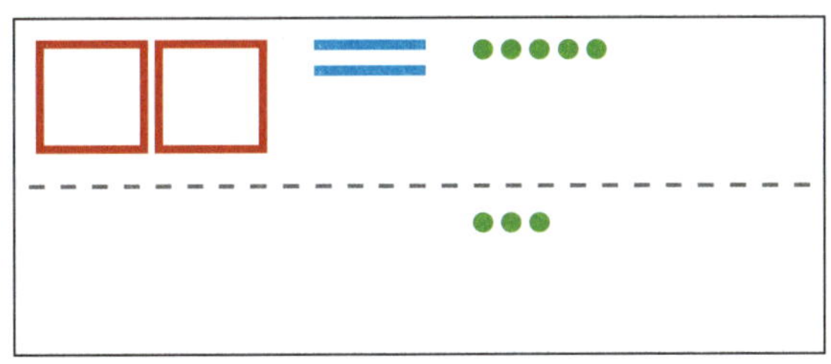

c) ____ + ____ = ____

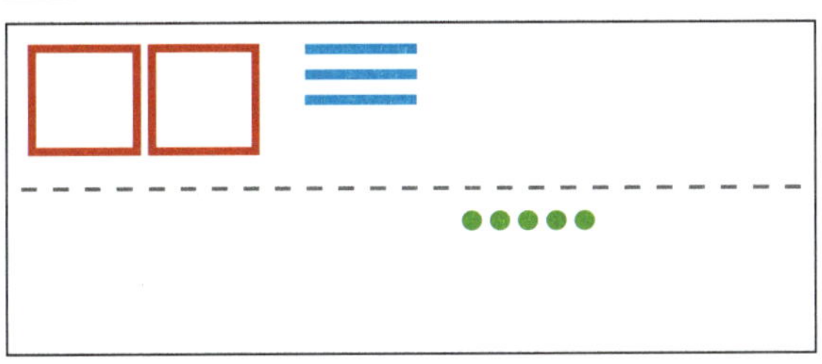

d) ____ + ____ = ____

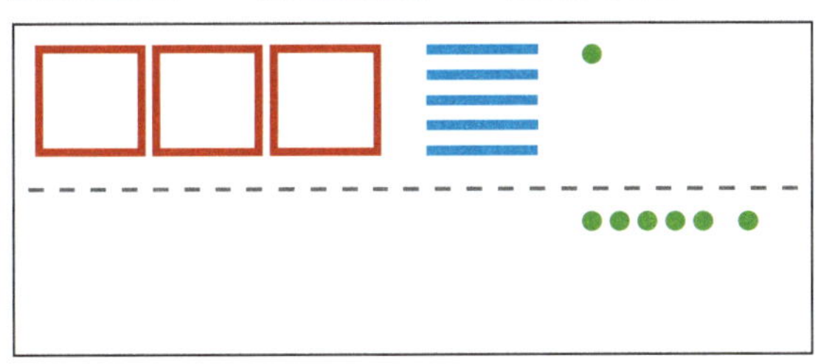

3 Löse mit der Geheimschrift.

a) 344 + 4 = ____

b) 263 + 6 = ____

1 Erzählen, wie Zahlix und Zahline gezeichnet und die Aufgabe gelöst haben. Ergebnis eintragen.
2 und 3 Gegebenenfalls mit Material nachlegen und die Aufgabe lösen.

1 Löse mit der Geheimschrift.

a) 324 + 4 = ____

b) 245 + 2 = ____

c) 413 + 4 = ____

d) 330 + 6 = ____

2

a) 6 + 3 = ____
456 + 3 = ____
856 + 3 = ____

b) 4 + 4 = ____
634 + 4 = ____
734 + 4 = ____

c) 1 + 6 = ____
961 + 6 = ____
361 + 6 = ____

3

a) 625 + 3 = ____
444 + 5 = ____
153 + 4 = ____

b) 333 + 6 = ____
940 + 7 = ____
501 + 5 = ____

c) 454 + 5 = ____
605 + 3 = ____
847 + 2 = ____

157 339 449 459 506 608 628 819 849 947

4

a)

b)

c)

5

a)

b)

c)

3 Selbstkontrolle: Blaue Lösungszahlen durchstreichen. Eine Zahl bleibt übrig.

1

87 − 5 = ____	46 − 3 = ____	69 − 8 = ____
68 − 4 = ____	78 − 6 = ____	56 − 2 = ____
59 − 7 = ____	95 − 4 = ____	48 − 4 = ____

43 44 52 54 61 64 65 72 82 91

2

A	B	C
88 − 8 = ____	49 − 6 = ____	76 − 2 = ____
88 − 7 = ____	59 − 6 = ____	76 − 3 = ____
88 − 6 = ____	69 − 6 = ____	76 − 4 = ____
________	________	________
________	________	________

Regel: Die 1. Zahl bleibt immer gleich.
Die 2. Zahl wird immer um 1 kleiner.
Das Ergebnis wird immer um 1 größer.

Zu welcher Aufgabenfolge gehört die Regel? Kreuze an.

Die Regel gehört zu Aufgabenfolge: A ☐ B ☐ C ☐

3

A	B	C
97 − 6 = ____	68 − 3 = ____	55 − 4 = ____
97 − 5 = ____	67 − 3 = ____	56 − 4 = ____
97 − 4 = ____	66 − 3 = ____	57 − 4 = ____
________	________	________
________	________	________

Regel: Die 1. Zahl wird immer um 1 größer.
Die 2. Zahl bleibt immer gleich.
Das Ergebnis wird immer um 1 größer.

Zu welcher Aufgabenfolge gehört die Regel? Kreuze an.

Die Regel gehört zu Aufgabenfolge: A ☐ B ☐ C ☐

1 Selbstkontrolle: Blaue Lösungszahlen durchstreichen. Eine Zahl bleibt übrig.
2 und 3 Nach Möglichkeit zu den übrigen Aufgabenfolgen Regeln formulieren.

1 HZE HZE

358 – 5 = ____

2 Lege mit Hunderterplatten, Zehnerstangen und Einerwürfeln und rechne.

345 – 3 = ____ 456 – 5 = ____ 238 – 4 = ____

348 – 3 = ____ 456 – 2 = ____ 235 – 2 = ____

346 – 3 = ____ 456 – 4 = ____ 239 – 6 = ____

3 Wie heißt die Aufgabe? Rechne auch.

a) 155 – ____ = ____

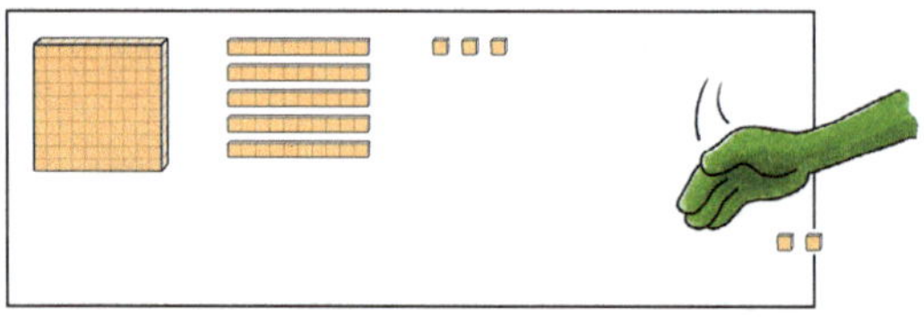

b) 237 – ____ = ____

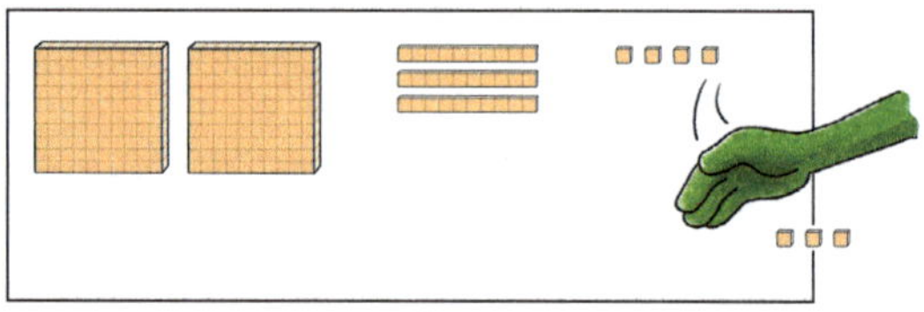

c) 352 – ____ = ____

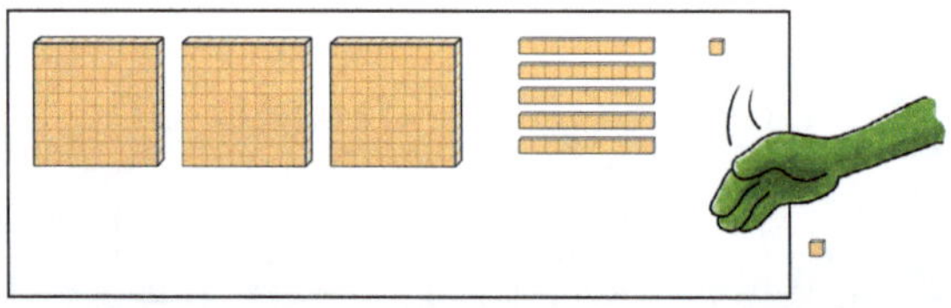

d) 288 – ____ = ____

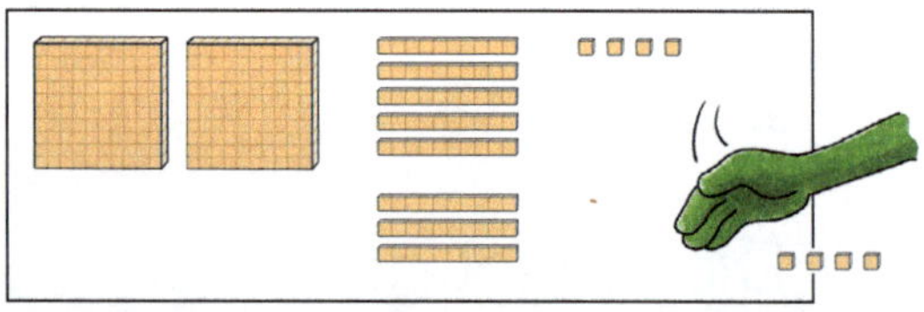

1 Erzählen, wie Zahlix und Zahline das Material gelegt und die Aufgabe gelöst haben. Ergebnis eintragen.
3 Gegebenenfalls mit Material nachlegen und die Aufgabe lösen.

1 HZE HZE

467 – 2 = ______

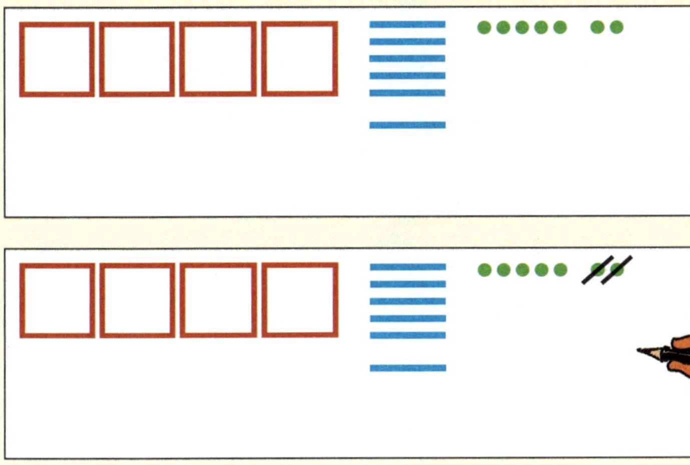

2 Wie heißt die Aufgabe? Rechne auch.

a) 375 – ______ = ______

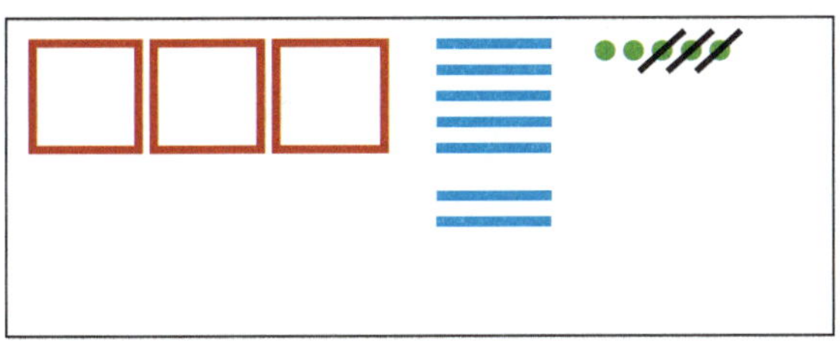

b) 256 – ______ = ______

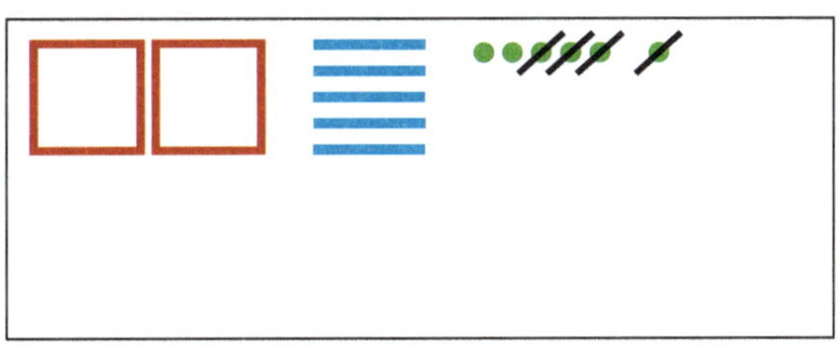

c) 178 – ______ = ______

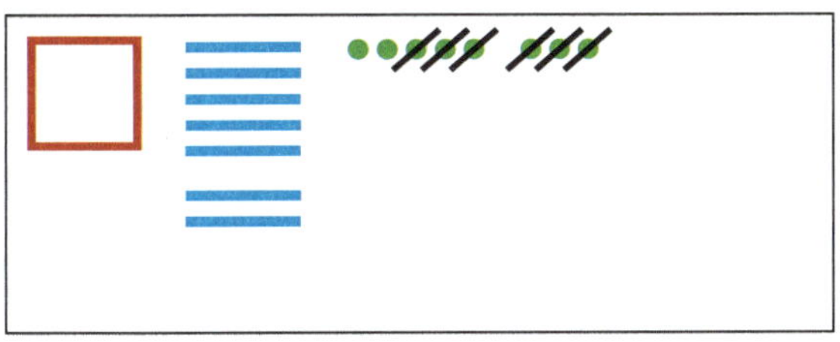

c) 354 – ______ = ______

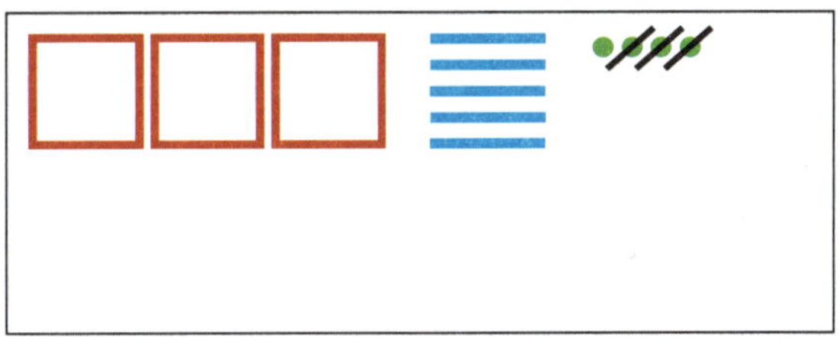

3 Löse mit der Geheimschrift.

a) 267 – 5 = ______

b) 158 – 7 = ______

1 Erzählen, wie Zahlix und Zahline gezeichnet und die Aufgabe gelöst haben. Ergebnis eintragen.
2 und 3 Gegebenenfalls mit Material nachlegen und die Aufgabe lösen.

Übungen zum Subtrahieren von Einern

1 Löse mit der Geheimschrift.

a) 187 − 4 = ____

b) 257 − 6 = ____

c) 433 − 2 = ____

d) 268 − 3 = ____

2

758 − 4 = ____
839 − 7 = ____
425 − 3 = ____

647 − 6 = ____
596 − 2 = ____
968 − 7 = ____

773 − 1 = ____
589 − 5 = ____
897 − 4 = ____

422 584 594 641 653 754 772 832 893 961

3

329 − 6 = ____
846 − 5 = ____
678 − 4 = ____

207 − 5 = ____
785 − 2 = ____
569 − 8 = ____

685 − 4 = ____
749 − 5 = ____
358 − 3 = ____

202 323 355 561 674 681 744 763 783 841

4 a)

−	4	5	6
487			
979			
358			

b)

−	4	3	5
688			
796			
419			

5 a)

−	2	4	5
408			
169			
746			

b)

−	3	1	6
548			
687			
219			

2 und 3 Selbstkontrolle: Blaue Lösungszahlen durchstreichen. Eine Zahl bleibt übrig.

1

a)

432	3

b)

764	5

c)

841	8

d)

623	4

2

a)

585	2

b)

304	4

c)

150	9

d)

293	6

3

a)
428 − 7 = ____
428 − 6 = ____
428 − 5 = ____

b)
739 − 4 = ____
738 − 4 = ____
737 − 4 = ____

c)
645 − 3 = ____
646 − 4 = ____
647 − 5 = ____

4

a)

+ 40	
300	
320	
350	

b)

+ 30	
714	
728	
749	

c)

− 50	
860	
870	
890	

d)

− 20	
648	
663	
685	

5

a)

+	100	300	400
380			
560			

b)

+	200	400	500
348			
482			

6

a)

−	200	400	600
760			
970			

b)

−	100	300	400
567			
889			

3 Nach Möglichkeit Regeln zu den Aufgabenfolgen formulieren.

Alles 1000 — Richtig oder falsch?

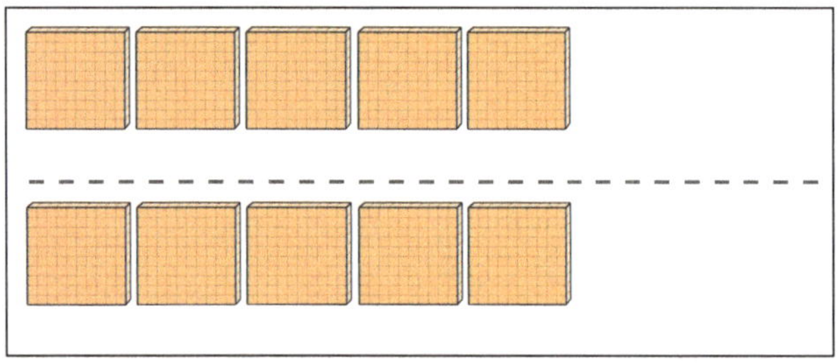

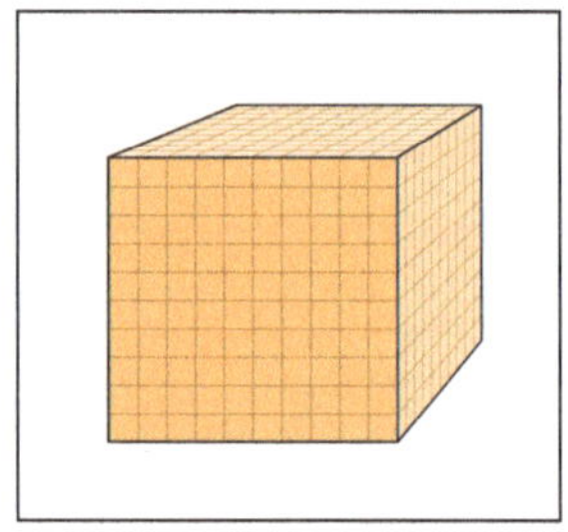

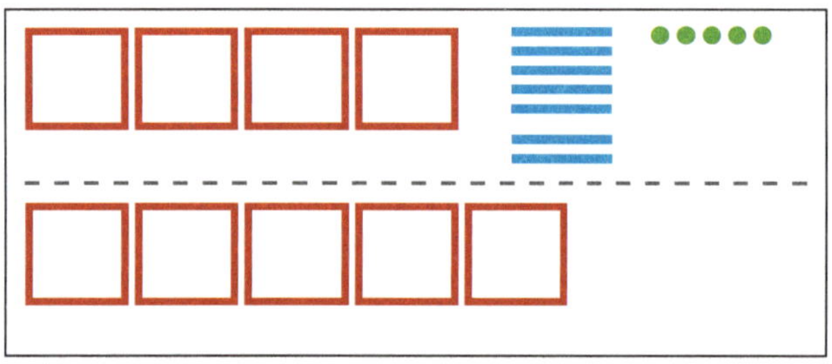

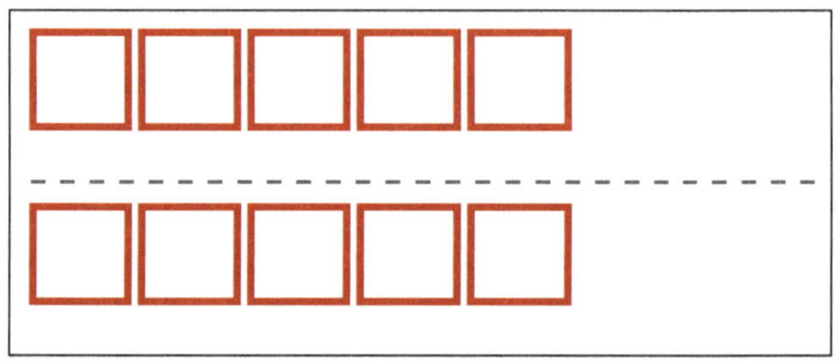

910 + 80	700 + 300	680 + 300	980 + 20

6H + 4H	9H + 9Z + 9E	7H + 2H + 10Z

997 – 3	699 + 300	990 – 10	997 + 3

neunhundertsiebzig plus dreißig	fünfhundertzehn plus vierhundert

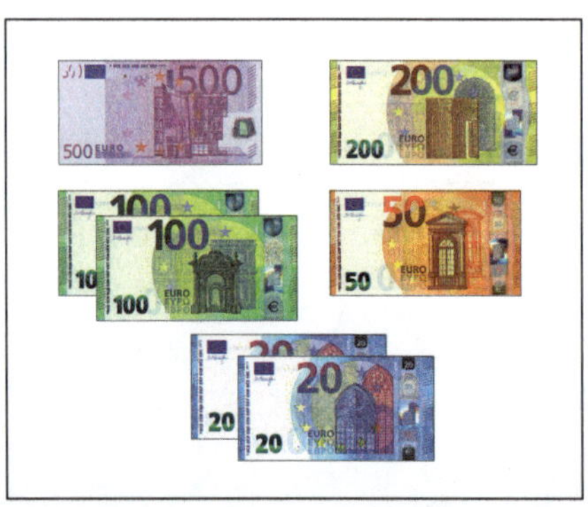

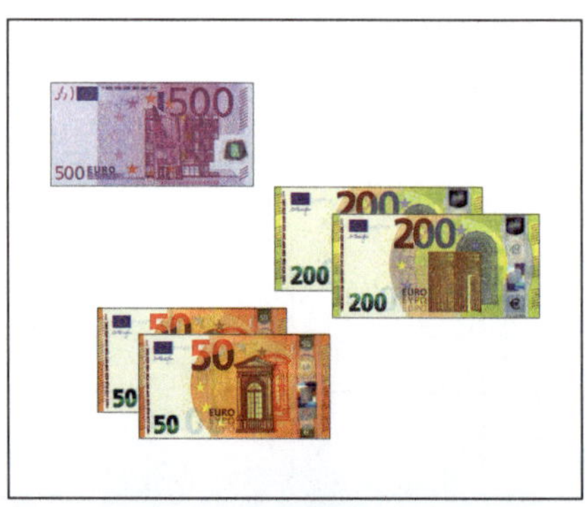

Über die unterschiedlichen Darstellungen auf dieser Seite sprechen. Gegebenenfalls in Partnerarbeit lösen.
Vorschlag zum Handeln: Zehn Zehnerplatten aufeinander legen. Es entsteht ein Tausenderwürfel.